藏在经典里的气象科学

古典名著中的

姜永育　著

河北出版传媒集团
河北少年儿童出版社
·石家庄·

图书在版编目（CIP）数据

古典名著中的气象科学 / 姜永育著 . — 石家庄：
河北少年儿童出版社 , 2024.6
（藏在经典里的气象科学）
ISBN 978-7-5595-6658-4

Ⅰ . ①古… Ⅱ . ①姜… Ⅲ . ①气象学 – 少儿读物
Ⅳ . ① P4-49

中国国家版本馆 CIP 数据核字（2024）第 095767 号

藏在经典里的气象科学

古典名著中的气象科学
GUDIAN MINGZHU ZHONG DE QIXIANG KEXUE

姜永育◎著

出 版 人：段建军	选题策划：胡仁彩
责任编辑：翁永良　赵　正　欧阳美玲	美术编辑：孟恬然
插图绘画：朱媛媛　思　梦	封面绘画：上超工作室

出版发行　河北少年儿童出版社
地　　址　石家庄市桥西区普惠路 6 号　邮编　050020
经　　销　新华书店
印　　刷　河北省武强县画业有限责任公司
开　　本　787 毫米 ×1092 毫米　1/16
印　　张　8.5
版　　次　2024 年 6 月第 1 版
印　　次　2024 年 6 月第 1 次印刷
书　　号　ISBN 978-7-5595-6658-4
定　　价　36.00 元

目录

"雪珠儿"是什么天气现象

——揭开《红楼梦》中"雪珠儿"的真面目

  《红楼梦》是中国古典四大名著之一，作者曹雪芹在书中写了大量天气现象，冬天的"雪珠儿"便是其中之一。

  在书中，"雪珠儿"一共出现了两次。第一次是在第八回，贾宝玉去梨香院探望身染小恙的薛宝钗，没过多久，林黛玉也来到了梨香院。宝玉见她外面罩着大红羽缎对襟褂子，便问："下雪了吗？"一旁的婆子答道："下了这半日雪珠儿了。"第二次是在第四十九回，史湘云、薛宝钗等人正在蘅芜苑玩闹，此时薛宝琴从外面进来，只见她披着一领斗篷，金翠辉煌，不知何物。宝钗忙问："这是哪里的？"宝琴笑道："因下雪珠儿，老太太找了这一件给我的……"

  曹雪芹笔下的"雪珠儿"，显然并不是雪花，天上降落的雪大多呈六角形，因外表像花，所以得名雪花。而"雪珠儿"一词，从字面上理解，是一种类似雪的固态降水，它的外表好似圆溜溜的珍珠，因此被书中的人物称为"雪珠儿"。

那么，"雪珠儿"到底是一种什么样的天气现象呢？

"雪珠儿"会是米雪吗

在气象观测中，固态降水除了雪花，还包括米雪、冰粒、冰雹、霰等。"雪珠儿"会是它们中的哪一种呢？

咱们先来看看米雪。米雪的名字中虽然带有一个"雪"字，但与雪花完全是两码事。气象学定义，米雪是指从云中降落的非常小的不透明白色冰粒形成的降水。它们一般降自高度较低的层云，有时候比较浓厚的雾也能降下米雪来。通常情况下，天空下米雪的时间不会太久，落到地面上的米雪也不会太多。

这些从天而降的小家伙呈扁平或细长状，直径通常小于1毫米，看上去有点像小米粒，又有点像盐粒，落到硬地面上不会反弹。宋代陈善在其著作《扪虱新话》中写道："撒盐空中，此米雪也；柳絮因风起，此鹅毛雪也。"意思是米雪降落的时候，就像空中撒盐，而下鹅毛大雪，则像柳絮随风飘舞。

从以上的陈述我们可以看出：第一，米雪的形状和"雪珠儿"并不相符，一个呈扁平或细长状，另一个却呈圆珠状；第二，米雪持续的时间不长，下不了多久便会停止，而书中的"雪珠儿"持续时间较长，几乎下了一天。所以说，"雪珠儿"并不是米雪。

"雪珠儿" 会是冰粒吗

冰粒又称冰丸，是一种由直径小于5毫米、透明或半透明的丸状（或不规则形状）冰粒子组成的固态降水。这些冰粒子比较硬，落地时会发出沙沙声，当它们遇到较硬地面时，还会像玻璃珠子一样反弹起来。

冰粒多降自雨层云中，有时会和雨一起下落，其形成原因有以下两种。一种是雨或融化的雪水从高空降落时，由于下层温度很低，它们在半空冻结形成冰粒降下来。这种冰粒直径为1~3毫米。有趣的是，一些冰粒内部还有未冻结的水，一旦落到地面被碰碎，里面的水洒出来后，便只剩下一个破碎的冰壳。另一种是包在冰壳里的霰。霰是一种不透明的小冰粒（下

◆降落到地面的冰粒

文会重点介绍），它在高空下落的过程中，一部分融化成了水，不过，由于下层温度低，这些融水冻结形成冰壳，将霰严严实实包裹起来，形成冰粒降落到地面。这种冰粒通常较大，直径2~5毫米，和冰雹有些相像，因此过去人们称其为小冰雹（其实，它和冰雹完全是两码事）。

那么，冰粒会不会是《红楼梦》中的"雪珠儿"呢？从外形来看，冰粒也呈丸状，和"雪珠儿"有些相似。不过，从书中的描述来看，"雪珠儿"下落时并没有发出声音，否则贾宝玉和薛宝钗不可能听不到外面下雪的声音。另外，从林黛玉和薛宝琴的反应来看，这些"雪珠儿"并没有破碎和洒水的现象出现。所以说，冰粒也不是"雪珠儿"。

"雪珠儿"会是冰雹吗

冰雹也叫"雹"，俗称雹子，是一种夏季或春夏之交最为常见的天气现象。冰雹有大有小，小者和绿豆、黄豆差不多，大者似栗子、鸡蛋，特大者甚至比柚子还要大。

◆冰雹

下冰雹的云，是一种发展十分强盛的积雨云，这种云的内部就像翻滚的开水一般，气流的上升和下沉运动都十分剧烈。当云中的水汽凝结形成雨点下落时，往往会遇到猛烈的上升气流，它们被托举到0℃以下的高空，在那里冻结成小冰珠。之后，上升气流减弱，这些小冰珠慢慢回落。然而，没下落多远，它们再次遭遇猛烈的上升气流，再一次被托举到高空……如此上下反复翻腾，小冰珠越来越大，最后长成冰雹并降落到地面。

冰雹有几个显著特征：第一，季节性强，中国的降雹多发生在春、夏、秋三季，冬季几乎不会发生；第二，历时短，降雹持续时间不会太长，一般仅几分钟，少数可持续十几分钟以上；第三，局地性强，冰雹的影响范围一般较小，降雹区宽几十米到数千米，长数百米到十多千米。

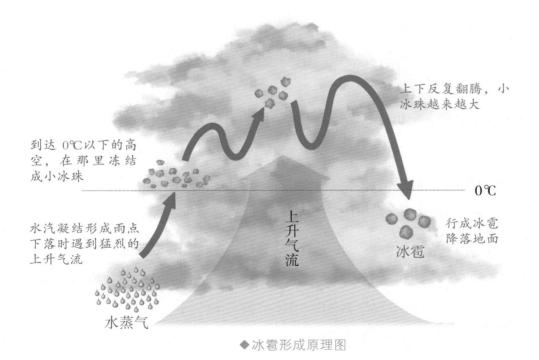

到达0℃以下的高空，在那里冻结成小冰珠

上下反复翻腾，小冰珠越来越大

水汽凝结形成雨点下落时遇到猛烈的上升气流

上升气流

0℃

冰雹

行成冰雹降落地面

水蒸气

◆冰雹形成原理图

从以上可以看出，无论是外形特征，还是降落时间，"雪珠儿"与冰雹都不相符，我们可以得出结论："雪珠儿"并不是冰雹。

"雪珠儿"会是霰吗

气象学定义，霰是指空中降落的白色不透明的小冰粒，它们具有雪状结构，直径 2~5 毫米，呈球形或圆锥形。霰和冰粒一样，落到硬地上常常会反弹，并且松脆易碎，不过，霰的内部没有水。

◆ 霰

霰多在下雪前或下雪时出现，所以霰的形成和雪花密不可分。事实上，霰也是以雪花作为骨架形成的：雪花在高空下落的过程中，如果遇到过冷云滴（即云中的小水滴，其半径小于 100 微米），就会被云滴牢牢粘上，并凝固成小冰晶。雪花上面的小冰晶越聚越多，导致它原有的六角形慢慢消失，最后形成球形或圆锥形的小冰珠降落下来，这就是霰。由此可以看出，霰虽然常在下雪天出现，但它并不属于雪的范畴。

现在，我们来看"雪珠儿"和霰的共同点：首先，两者都呈圆珠状，《大气科学辞典》中说"霰又称雪丸或软雹"，说明两者的外形十分相似。其次，霰通常和雪花一起下落，所以古

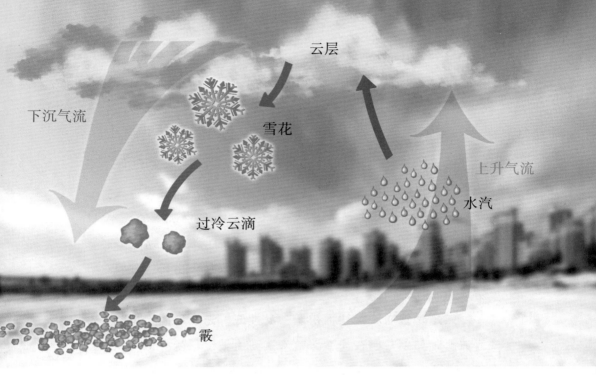

◆ 霰形成原理图

人在描写下雪时，常将两者并列在一起，如唐代白居易在《秦中吟》中写道"夜深烟火尽，霰雪白纷纷"，意思是夜很深了，烟火早已熄灭，雪白的霰和雪纷纷扬扬洒落下来。曹雪芹在《红楼梦》中写的"雪珠儿"，应该也是和雪一起降下来的，因为婆子和薛宝琴都无法分清两者的区别，于是含糊地称其为"雪珠儿"。其实，霰和雪是两种不同的固态降水。

综合以上分析，我们不难得出结论：《红楼梦》中的"雪珠儿"正是霰。这种天气现象在现实生活中很少出现，一般人往往不会注意到它的存在，但曹雪芹在书中两次写到霰，足见作者对天气现象观察得十分细致，正因为如此，他对"雪珠儿"的描写也十分符合气象学规律。

天上降霰时应注意什么？

一是保暖。霰发生前后，常常会伴随寒潮、低温、雨雪等，天气十分寒冷，所以应注意保暖，适时添加衣服。

二是防滑。霰松脆易碎，落到道路上会减小路面的摩擦力，增加交通事故发生的概率，所以霰天出行应注意防滑。

三是防雪崩。霰结构松散、黏性低，无法稳固在山间斜坡上，如果它们在大雪之前降落到山坡上，就好似在积雪下铺设了一层滑滑的小冰珠，从而增加雪崩发生的风险，所以雪后到山区游玩，一定要谨防雪崩。

气象灾害有多严重

——解析《红楼梦》中的气象灾害

气象灾害是自然灾害之一，自古以来，它给人类造成了不可估量的损失，这一点在《红楼梦》中体现得淋漓尽致。书中第五十三回，讲述宁国府黑山村的庄头乌进孝，岁末赶了一个多月的路程进京交租，原文中这样写道：

乌进孝道："回爷的话，今年雪大，外头都是四五尺深的雪，前日忽然一暖一化，路上竟难走的很，耽搁了几日。虽走了一个月零两日，因日子有限了，怕爷心焦，可不赶着来了。"贾珍道："我说呢，怎么今儿才来。我才看那单子上，今年你这老货又来打擂台来了。"乌进孝忙进前了两步，回道："回爷说，今年年成实在不好。从三月下雨起，接接连连直到八月，竟没有一连晴过五日。九月里一场碗大的雹子，方近一千三百里地，连人带房并牲口粮食，打伤了上千上万的，所以才这样。小的并不敢说谎。"

你知道上面这段话中，包含了哪几种气象灾害吗？它们给黑山村的村民造成了什么样的损失？下面，咱们来一一分析吧。

气象灾害的种类

首先，咱们来了解一下气象灾害都有哪些种类。气象学上，气象灾害是指大气对人类的生命财产和国民经济建设及国防建设等造成的直接或间接损害。它包括两大类：第一大类是天气、气候灾害，指因台风（热带风暴、强热带风暴）、暴雨（雪）、雷暴、冰雹、大风、沙尘、龙卷、大（浓）雾、高温、低温、连阴雨、冻雨、霜冻、结（积）冰、寒潮、干旱、干热风、热浪、洪涝、积涝等因素直接造成的灾害；第二大类是气象次生、衍生灾害，指因气象因素引起的山体滑坡、泥石流、风暴潮、森林火灾、酸雨、空气污染等灾害。

接下来，咱们对乌进孝的话进行详细分析。他说"今年雪大，外头都是四五尺深的雪"。这里的"四五尺"换算成米是1.3~1.7米。当然，这应该不是24小时内的降雪量，而可能是几天或者几次降雪过程的累积值。但不管哪一种情况，积雪累积深度超过1米，按现在气象部门的下雪标准来判断，已经达到甚至超过了暴雪标准。乌进孝的第二句话"从三月下雨起，接接连连直到八月，竟没有一连晴过五日"。这句话一是说明了雨日多，从三月一直持续到八月，这种状况和连阴雨十分相符，此外，春、秋季节阴雨天气多，还会导致低温灾害发生；二是说明了雨水多，雨水过多往往会引起洪涝灾害。乌进孝接下来的话"九月里一场碗大的雹子，方近一千三百里地，连人带房并牲口粮食，打伤了上千上万的"，这里的"雹子"很明显是冰雹灾害。综上所述，乌进孝的话一共包含了五种气象灾害，即暴雪、连阴雨、低温、洪涝和冰雹。

暴雪灾害

暴雪是指日降雪量（融化成水）大于等于10毫米的降雪过程，当其出现时，往往伴随大风、降温等天气。暴雪一般具有以下危害：一是会冻坏农作物，导致

◆气象人雪夜观测

农业歉收或者减产；二是会压塌建筑物，并妨碍交通、通信、输电线路安全；三是会导致很多体弱多病的人和一些动物死亡；四是会导致道路结冰，引发交通事故或行人摔伤。

中国的暴雪主要分布在以下三个区域：一是东北、内蒙古大兴安岭以西和阴山以北的地区；二是祁连山、新疆部分山区、藏北高原至青南高原一带；三是川南高原的西部等地区。

一些学者推测，宁国府的庄园黑山村，位置大概在我国东北距海边较近的地方，也就是今天的渤海湾一带。这个区域正是暴雪的多发地。冬季，当北方来的冷空气特别强盛、爆发速度比较快，再加上东部沿海暖湿空气比较活跃时，冷暖空气在此交汇，就会形成大范围的暴雪天气。

连阴雨和低温灾害

连阴雨是指连续几天以上的阴雨天气过程，分为一般连阴雨和严重连阴雨：一般连阴雨指连续 6 天及以上阴雨且无日照，其中任意 4 天白天雨量大于等于 0.1 毫米；严重连阴雨指连续 10 天及以上阴雨且无日照，其中任意 7 天白天雨量大于等于 0.1 毫米。

连阴雨一年四季均可发生。当其出现时，由于日照少，空气湿度大，往往会导致种子霉烂、发芽，农作物生长发育不良。此外，连阴雨还会导致病虫害滋生蔓延，所以对农业生产的危害较大。根据乌进孝的陈述，黑山村的阴雨从三月持续到了八月，也就是说春、夏、秋三季，黑山村都遭遇了连阴雨天气。

在春季和秋季，连阴雨还会导致低温灾害，对农作物造成"二次伤害"：一是在作物营养生长阶段，低温会引起作物生育期延迟，使作物在生长季节内不能正常成熟，造成减产歉收；二是在作物生殖生长阶段，受低温危害，作物不能健全发育，从而产生空壳秕粒，造成减产。由此可见，黑山村的庄稼收成有多差！

洪涝灾害

洪涝灾害包括洪水灾害和雨涝灾害两类。洪水灾害是由于强降水、冰雪融化、冰凌、堤坝溃决、风暴潮等因素，引起江河湖泊及沿海水量增加、水位上涨和山洪暴发所造成

◆洪涝灾害

的灾害，这种灾害常常导致农田、房屋被淹，农业设施毁坏，甚至造成大量人畜死亡。雨涝灾害是因大雨、暴雨或长期降水量过于集中而产生大量的积水和径流，排水不及时，致使土地、房屋等渍水、受淹而造成的灾害，这种灾害主要危害农作物生长，造成庄稼大面积减产或绝收。

根据乌进孝的话，我们可以判断，黑山村的灾害应属于雨涝，这是由于长期下雨而形成的积水，这种灾害对当地的农作物生长影响很大。

冰雹灾害

冰雹是一种坚硬的球状、锥状或不规则形状的固态降水，通俗地说，就是降落到地面的冰球或冰块。它通常发生在春、夏、秋季节里，降落时会砸毁大片农作物，损坏农房等建筑，

威胁人类安全，是一种严重的气象灾害。

冰雹小的如绿豆、黄豆，大的似栗子、鸡蛋，通常情况下，它们降落的范围比较小，一般宽度为几十米到几千米，长度为数百米到十多千米，因此民间有"雹打一条线"的说法。黑山村的这场冰雹显然来得十分猛烈：冰雹如碗一般大，并且降落的范围为"方近一千三百里地"，所以"连人带房并牲口粮食，打伤了上千上万的"。

总之，作者通过描写黑山村的气象灾害，反映了当时农民生活的艰辛，这与贾府豪华奢侈的生活形成鲜明对比，从侧面揭示了社会的不公和黑暗，为后面贾府的衰落做了铺垫。

应对气象灾害要注意什么？

一是要学习防灾避险知识，了解各类气象灾害的成因、危害及防灾要点，掌握基本的防灾知识。二是要经常参与学校或社区组织的防灾演练，学会逃生和避险技能。三是要关注天气预报，经常收看（收听）天气信息，当有气象灾害来临时，要提前防御或躲避。

拯救林冲的降雪天气

——解读《水浒传》中的一场突发降雪

林冲，是《水浒传》中的一个悲剧人物，他身为东京八十万禁军教头，武艺高强，还有一个幸福美满的家庭，但因为顶头上司高太尉的养子高衙内看中了他的妻子，从此祸从天降。在高太尉等人的精心设计下，林冲一步一步掉入陷阱，最后家破人亡，他本人也沦为囚犯，被发配到了沧州。

尽管如此，高太尉等人仍不肯放过林冲，他们买通沧州牢城的管营和差拨，故意派林冲去看管草料场，企图将他烧死在里面。殊不知，一场降雪拯救了林冲的性命，而他在杀死陆虞候等人后，被逼雪夜上梁山，从此走上了"替天行道"的落草生涯。

下面，咱们一起去分析这场降雪天气，了解其中隐含的气象科学知识。

一场突如其来的降雪

咱们先来了解林冲充军的地方——沧州。沧州地处河北省东南部、河北平原东部，因濒临渤海而得名，意为"沧海之州"。受纬度和地形影响，沧州的气候为明显的暖温带大陆季风气候，这里夏季炎热多雨，冬季寒冷干燥，历史最低气温达到过 -22℃。

林冲被牢城管营派去看管草料场，是书中的第十回。此时正当严冬时节，林冲和差拨走在路上，只见彤云密布，朔风渐起，纷纷扬扬降下雪花来。在这里，作者施耐庵用了一首词形容下雪时的情景："*作阵成团空里下，这回忒杀堪怜。剡溪冻住子猷船。玉龙鳞甲舞，江海尽平填。宇宙楼台都压倒，长空*

◆高原 8 月大雪纷飞

飘絮飞绵。三千世界玉相连。冰交河北岸，冻了十余年。"词中的"剡溪冻住子猷船""冰交河北岸"等句，说明当时天气寒冷，气温下降十分剧烈；"长空飘絮飞绵""三千世界玉相连"，说明当时雪下得很大，天地茫然一片，好似白玉一般。

这种下雪天气，一般是强冷空气入侵造成的，由于沧州一带是平原，周围缺少高大山脉阻挡，冷空气一来便长驱直入，再加上低层水汽条件充沛，所以很快便雪花漫天。根据后面的情节分析，这场冷空气引发的降雪天气应该达到了寒潮标准。咱们在《古诗词中的气象科学》一书中介绍过寒潮，它是来自高纬度地区的寒冷空气，像潮水一样源源不断向中低纬度地区侵入，导致沿途地区出现大范围剧烈降温、大风和雨雪天气。中国北方地区的寒潮标准是：24 小时降温 10℃以上，或 48 小时降温 12℃以上，同时最低气温低于 4℃。从词中的描写来看，当时的气温应该降到了 0℃以下，所以不但河水结冰，而且把船都冻住了。

雪花为何会压塌房屋

接下来的剧情，可以说是整个故事的高潮部分。

林冲到了草料场，与老兵交接完工作，由于雪一直没停，风也刮得很紧，他感觉身上寒冷，于是到二三里外的一处市井买酒喝。酒足饭饱之后，已经是傍晚时分了，此时雪越下越大。他飞奔回草料场，看到那两间草厅时，却一下傻眼了。原著中这样写道：

> 再说林冲踏着那瑞雪，迎着北风，飞也似奔到草场门口，开了锁，入内看时，只叫得苦。原来天理昭然，佑护善人义士。因这场大雪，救了林冲的性命。那两间草厅已被雪压倒了……

看到这里，读者可能会产生疑问：雪花那么轻盈，落在身上几乎感觉不到重量，它们怎么会压倒房屋呢？

◆测量积雪深度

下面，咱们就来分析分析。首先，来了解一下"积雪深度"的概念。所谓积雪深度，是指积雪表面到地面的垂直高度，以厘米为单位，气象人员通常是测量气象观测场上未融化的积雪得到这一数值。那么，积雪到底有多重呢？经测算，新雪的密度大约为0.05~0.1克/立方厘米，根据物理学公式（质量＝密度×体积）可以大致推算出积雪深度达到10厘米时，每平方米新雪质量约为5~10千克。假设屋顶面积为100平方米，积雪厚20厘米，那么房顶就会承受1~2吨的重压；如果积雪超过40厘米，就会承受超过2~4吨的重压，相当于在屋顶同时站20~40个100千克左右的人。我们可以想一下：这么重的积雪，一般草房的屋顶能够承受得住吗？

所以，看似轻盈的雪花，当它们积累到一定高度时，常常会压塌房屋；而在高山地区，大量积雪还可能引发雪崩，造成可怕的雪崩灾难。

当时积雪有多深

那么，当时压倒草厅的积雪有多深呢？这就需要判断一下当时的降雪属于什么级别。气象学上，将降雪分为微量降雪（零星小雪）、小雪、中雪、大雪、暴雪、大暴雪和特大暴雪七个等级，其分级标准如下：

等级	下雪时水平能见距离	地面积雪深度	24 小时降雪量
微量降雪	通常大于 1000 米	小于 0.1 厘米或无法测量	小于 0.1 毫米
小雪	等于或大于 1000 米	3 厘米以下	0.1~2.4 毫米
中雪	500~1000 米	3~5 厘米	2.5~4.9 毫米
大雪	小于 500 米	等于或大于 5 厘米	5.0~9.9 毫米
暴雪			10.0~19.9 毫米
大暴雪			20.0~29.9 毫米
特大暴雪			等于或大于 30.0 毫米

结合书中的描写来看，这场降雪并不如我们想象得那么大。首先，林冲能够从容地到市井去买酒肉，说明降雪时的能见度并不算太差，因为如果能见度低于 500 米，那么他很可能

会迷路；其次，林冲从市井回来后，"飞也似奔到草场门口，开了锁"，从这一动作来看，他脚下的积雪并不太深，否则他不可能"飞"起来。

所以，从上面的分析我们不难得出结论：这场降雪的等级应为中雪，当时地面积雪深度为 3~5 厘米。

草厅是如何被压倒的

现在，咱们来计算一下草厅屋顶承受的重压。

假设草厅屋顶面积也是 100 平方米，积雪深度接近 5 厘米，那么房顶承受的重压为 250~500 千克，这相当于 3~6 个成年人同时站在房顶上。这样的重压会使草厅倒塌吗？

草厅也就是我们常说的草房，一般是用木头搭建出房屋框架，然后在上面覆以茅草。按理说，它应该能承受住 250~500 千克的重压。不过，作者施耐庵此前便埋下了伏笔：林冲进入草厅，看那草屋时，就见"四下里崩坏了，又被朔风吹撼，摇振得动"，说明草厅年久失

修，摇摇欲坠，这样破败的草厅自然承受不住雪的重压，倒塌也就在情理之中了。不过，正是因为草厅被压倒，林冲没有办法，只好到附近的一个古庙里去住宿，从而躲过了陆虞候等人放的大火。

可以说，作者施耐庵对这场降雪的描写非常成功，完全符合气象科学原理，读来令人十分信服。

下雪天应该注意什么？

一是要注意保暖，特别是注意手脚部位、关节脖颈部位的保暖，谨防冻伤。二是要注意保护眼睛，下雪的时候，雪面会反射太阳光，如果长时间看雪容易得雪盲症，所以下雪天出门要注意保护眼睛，最好戴上墨镜。三是要注意防滑，下雪天出门，无论是走路还是骑车，都很容易摔倒受伤，所以一定要格外小心。

害惨杨志的酷热天气

——《水浒传》中的酷暑天气有多热

杨志，也是《水浒传》中的一个悲剧人物。他曾做过殿司制使官，不幸因押运花石纲丢了官，后来好不容易筹集了一担金银进京打点，结果钱花了，官职却没有恢复。在身无分文的窘境下，杨志变卖祖传宝刀，没想到遇上泼皮牛二挑衅，他愤怒之下失手杀死牛二，被充军到了北京大名府。

大名府留守梁中书见杨志武艺高强，提拔他做了管军提辖使，并委派他去东京，给自己的老丈人蔡太师送生日礼物。杨志眼见就要时来运转，岂料在黄泥冈遇上了晁盖等一帮好汉。他们巧妙利用酷热天气，将杨志和一众军汉麻翻，抢走了十一担金珠宝贝。杨志不得不踏上了逃亡之路，后来投奔梁山做了头领。

下面，咱们一起来分析分析这场酷热天气，看看杨志是如何上当中计的吧。

黄泥冈在哪儿

咱们先来了解一下故事的发生地——黄泥冈。原著中，作者施耐庵这样描述黄泥冈的情形："顶上万株绿树，根头一派黄沙。嵯峨浑似老龙形，险峻但闻风雨响。山边茅草，乱丝丝攒遍地刀枪；满地石头，碜可可睡两行虎豹。休道西川蜀道险，须知此是太行山。"不过，施耐庵并没有说明黄泥冈在哪个县。

据考证，杨志押送的生辰纲是在南洛县境内被劫走的。《大宋宣和遗事》中记载：晁盖等人劫取生辰纲后，将一对酒桶忘在了黄泥冈现场；押送人员药酒醒后，根据酒桶上的字号到所属的南洛县报案。

南洛县即今天的河南省濮阳市南乐县（洛即乐的古音），黄泥冈即该县西邵乡五花营村的黄泥冈。从地理位置来看，南乐县位于河南省东北端，是河南、河北、山东三省交界处。从气候环境来看，这里属暖温带半湿润大陆性季风气候，全年四季分明，冷暖适中。不过，这里夏季比较炎热，据气象观测资料统计，南乐县多年的夏季极端最高气温均在35℃以上，如2012年极端最高气温为40.3℃，2021年为39℃。从作者施耐庵描写的情况来看，当时黄泥冈一带的酷热比今天有过之而无不及，其极端最高气温至少有40℃，这样的温度在北方地区算得上十分炎热了。

一年中最热的时节

接下来，咱们看看黄泥冈当时的天气。原著第十六回中写道：杨志等人到达黄泥冈的时间，是"六月初四日时节"。

这里的六月指的是农历六月，一般为公历的 7 月份。众所周知，三伏是一年中最热的时节，所以民间有"三伏之中逢酷热"之说，由于三伏中的初伏、中伏大都在六月，因此农历六月又被称为"伏月"。在书中，施耐庵这样描述六月的酷热天气：

> 热气蒸人，嚣尘扑面。万里乾坤如甑，一轮火伞当天。四野无云，风突突波翻海沸；千山灼焰，必剥剥石烈灰飞。空中鸟雀命将休，倒撷入树林深处；水底鱼龙鳞角脱，直钻入泥土窨里。直教石虎喘无休，便是铁人须汗落。

这首诗的大意是：热气蒸人，尘土扑面，一轮烈日挂在当空，整个天地就像蒸笼一般。四周没有一片云，热风吹得大海波浪翻滚，仿佛沸腾一般。上千座大山就像在喷吐火焰，岩石干裂，尘灰飞扬。天空中的鸟儿被晒得快要死了，头朝下飞往树林深处；水底的鱼和龙热得脱掉了鳞和角，使劲往泥窨里钻。石头雕刻的老虎喘个不停，而铁铸的人像也流下了汗水。

这里，作者运用了夸张、比喻等修辞手法，将六月伏天天气的酷热描绘得生动形象，为后面杨志等人中计埋下了伏笔。

◆ 六月伏天

什么是地表温度

在这种酷热天气下，"杨志催促一行人在山中僻路里行"，"看看日色当午，那石头上热了，脚疼走不得"——这一句，说明当时地表温度非常高，石头已经到了烙脚难行的地步。

地表温度，指地面上测得的温度。气象专家告诉我们，太阳的热能辐射到达地面后，一部分会被反射回天空，而另一部分则会被地面吸收，使地表增热。气象人员对地面温度进行测量后得到的数值就是地表温度。

地表温度与天气预报所说的气温是两码事：在气象观测中，地表温度通常是指地面 0 厘米的温度，而气温则是指距地面 1.5 米的百叶箱内的空气温度。一般情况下，地表温度都会高于气温，特别是夏天，在火辣辣的太阳照射下，地表温度会迅速蹿升，远远高于气温。例如，中国最热的地方——新疆吐鲁番盆地，气象人员在那里测得的极端最高气温接近50℃，而它的地表温度更是高达75.8℃。在这种温度下，地面不但可以把鸡蛋蒸熟，而且

◆气象人员观测地表温度

还能将面饼烤好，所以当地流传有"沙窝里蒸鸡蛋，石头上烤面饼"的说法。

黄泥冈地表温度有多高

那么，黄泥冈一带的地表温度有多高呢？

气象专家告诉我们，影响地表温度变化的因素有很多，同一片天空下，不同的地表，温度都不尽相同。例如，裸露土地上的温度，就比草坪上的温度高，而水泥地面上的温度，又比裸露土地上的温度更高。炎炎夏日，我们也有这样的感受：直接站在太阳下面，准会热得受不了，而一旦跑到树下，就会感觉凉快许多。有这样的感受，除了阳光直射的原因，地表温度的不同也是一个主要原因。

由此，我们可以得出结论：黄泥冈一带，被太阳直射的裸

露地表的温度非常高。假若当时的气温是 40℃，那么地表温度应该接近 70℃。这么高的地表温度，完全可以把鸡蛋烤熟，所以杨志手下的军汉"脚疼走不得"。而树荫下的地表温度则要低许多，再加上树荫能遮住火辣阳光，所以军汉们来到"顶上万株绿树"的黄泥冈上，便纷纷躺倒在地，无论杨志怎么抽打，他们都不肯起来行走。

不过，正是军汉们停下来休息，给晁盖等人设计抢夺生辰纲创造了机会；也正因为天气酷热，军汉们才会买酒解渴，从而被蒙汗药麻翻，眼睁睁地看着生辰纲被劫走。所以说，这场酷热天气把杨志害惨了。

炎热天气应注意什么？

一是多喝水，适当补充盐分，尽量少吃辛辣食物和油腻食品，多吃水果、蔬菜等新鲜绿色食品。二是空调温度不宜设置得太低，也不要让空调直吹头部。三是尽量避免或减少户外活动，尤其是上午 10 时至下午 4 时，一定不要在烈日下运动。四是炎热天气外出旅游时，一定要注意安全，最好随身携带藿香正气水、风油精、肠道消炎药、保济丸等常用药。

助力武松打虎的好天气

——解析《水浒传》中武松打虎的天气

武松，是施耐庵在《水浒传》中重点塑造的一个英雄人物，他性格豪放，武艺高强，干出了一桩桩轰轰烈烈的大事。其中，景阳冈打虎，可以说是武松人生中的一个高光时刻。

在喝了十五碗酒的情况下，仅凭一己之力，赤手空拳打死一只吊睛白额猛虎，武松的神力和勇猛可见一斑。不过，如果我们仔细阅读原著，就会发现武松之所以打死老虎，好天气其实也助了他一臂之力。

下面，咱们就一起来分析分析当时的天气状况吧。

◆武松打虎

秋末冬初时节

武松景阳冈打虎的情节，在原著的第二十三回。在打虎之前，武松在柴大官人庄上住过一段时间，之后遇到了宋江，两人聊得非常投机，不过由于思乡心切，武松最终还是决定回去看望哥哥武大郎。

在路上行走了几日，这天晌午时分，武松来到了阳谷县境内。从地理位置来看，阳谷县位于山东省西部，聊城市南端，黄河之北。这里属暖温带半湿润大陆性季风气候，光照充足，四季分明：春季少雨多风，夏季高温多雨，秋季凉爽宜人，冬季干冷、雨雪较少。从中我们可以看出，阳谷县的降水主要集中在夏季，春、秋、冬三个季节的雨水都很少。

武松到达阳谷县的时间，是农历的十月份，按季节来算，正是秋末冬初时节。气象专家告诉我们，这个时节北方冷空气频繁南下，将盘踞当地的暖空气彻底赶走，所以黄河以北的地区天空常常晴朗少云，基本不会出现下雨或下雪的现象。作者施耐庵将武松打虎的时间"安排"在这个季节，说明他对当地的气候背景十分了解。

晴朗少云的天气

在书中，施耐庵一开始并没有交代当时的天气。不过，我们从武松"走得肚中饥渴"，并一连喝了十五碗酒等描写可以得出结论：这天的天气比较晴朗。因为如果是下雨或下雪天气，武松应该不会那么饥渴。

喝了酒，武松不顾酒家劝阻，执意要一个人过景阳冈。来到冈上，施耐庵终于道出了当时的天气状况："一轮红日，厌厌地相傍下山"。气象专家指出，傍晚时分，当太阳光射入大气层时，遇到大气分子和悬浮在大气中的微粒，就会发生散射。太阳光谱中波长较短的蓝、紫、青等颜色的光最容易散射出来，而波长较长的红、橙、黄等颜色的光透射能力很强，因此，我们看到地平线上空的光线中只剩下波长较长的红、橙、黄光，这些光线经空气分子和水汽等杂质散射，于是天空便带上了一层绚丽色彩，这就是晚霞。出现红日和晚霞，说明当时的天气晴朗，天空少云或无云。这种天气可以说为武松打虎创造了绝佳条件，因为当时如果下雨（或下雪），地面湿滑，再加上天气寒冷，武松的战斗力肯定会大打折扣。

◆红日

晴朗延迟天黑

天气晴朗，对武松来说还有一个利好：那便是天黑得相对迟缓一些。

秋冬季节有一个显著的特点，那便是白昼变短、黑夜变长，即书中所说的"日短夜长，容易得晚"。这种昼夜的变化，是由于太阳直射点南移造成的：秋分节气这天，太阳几乎直射地球赤道，全球各地昼夜等长，但秋分日后，太阳光直射位置逐渐南移，于是北半球便出现了昼短夜长的现象。一般到冬至节气这天，昼短夜长达到了极致，冬至一过，黑夜开始慢慢变短，而白昼则逐渐变长起来。

在中国北方地区，冬天日落一般是在下午6时前。原著中，施耐庵也点明了武松上景阳冈的时间——申牌时分，即下午的3时至5时。结合后面的描写来看，武松打虎的时间大概在下午的5时至6时间。这个时间段如果天气不好，天应该早就黑下来了，不过，正是由于天气晴朗，天黑得较迟，所以武松才能在老虎突袭的情况下，看清它的一举一动，从而机敏应对，将其打死在地。

狂风"通风报信"

在老虎出场之前，景阳冈上还刮起了一阵狂风。原著中这样写道："（武松）见一块光挞挞大青石，把那梢棒倚在一边，放翻身体，却待要睡，只见发起一阵狂风来。看那风时，但见：无形无影透人怀，四季能吹万物开。就树撮将黄叶去，入山推出白云来。"这阵狂风过后，乱树背后噗的一声响，跳出一只吊睛白额大虫来。

从上面这段描述我们可以看出：武松因为酒力发作，想躺在大青石上睡觉，却不料刮起了狂风。可以说，这是一阵"通风报信"的好风，它对武松来说意义重大：如果没有这阵狂风"提醒"，一旦睡沉过去，必定会遭到老虎偷袭，后果不堪设想。

那么，景阳冈上为何突然刮起这阵狂风？作者这样写有没有科学根据呢？咱们先来看看景阳冈的地理位置。据《阳谷县志》记载：景阳冈在县城东四十里，沙丘起伏，莽草无涯，古木参天，人烟稀少。景阳冈附近，原有九岭十八堌堆（堌堆即

◆景阳冈狂风形成示意图

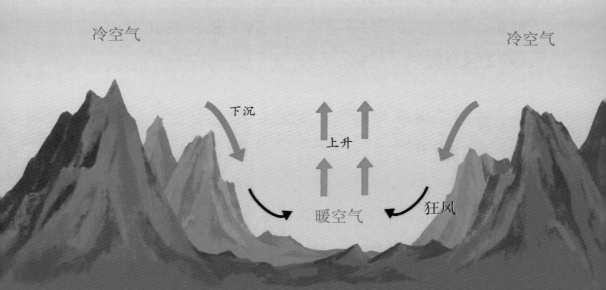

高大险峻的巨型土山）。这就是说，景阳冈周围都是山岭。白天在阳光照射下，这些山岭受热，周围的空气跟着升温；到了晚上，由于山岭海拔较高，降温比岭下要快得多。我们知道，冷的地方空气密度大，热的地方空气密度小，而密度大的地方的空气总会向密度小的地方流动，所以，空气一流动，风便形成了。由此可以看出，作者写这阵狂风并不是瞎编乱造，而是符合气象科学的。

纵观武松打虎的前后过程，不得不说老天帮了大忙：晴朗天气让他能看清老虎的一举一动，从而发挥正常战斗力，而突如其来的狂风则让他免遭偷袭。所以从这一点来说，武松比林冲和杨志都幸运多了。

刮狂风时应注意什么？

一是要尽量避开高层楼房间的狭长通道，因为狭长通道会形成"狭管效应"，这里的风力往往很大，容易带来一定的危险。二是不要在老树和广告牌下逗留，因为一些老树的树枝枯死，容易断裂，而有的广告牌由于安装不牢，在强大的风力作用下有可能倒塌或掉落，在下面逗留容易造成危险。三是要尽量少骑或不骑自行车，因为风力很大时，骑车有可能被刮倒，对身体造成损伤。四是注意做好防护工作，外出时最好戴纱巾、口罩等，以免沙尘对眼睛和呼吸系统造成损伤。

雪花有多少种形态
——《水浒传》中的雪花知识

在《水浒传》中，施耐庵写过不少下雪的场景。不过，对雪花描写得比较细致，并且极富趣味性和知识性的一次，则是在第九十三回。

当时，宋江率领大军征剿河北田虎，在攻下盖州城后，恰逢立春节候，天降大雪。众头领忙里偷闲，到东郊迎春赏雪，地文星萧让的一番话，可以说道出了雪花的真谛。

下面，咱们就一起来了解有关雪花的知识吧。

立春降下大雪

这场大雪，是在立春节候这天降下来的。原著中这样写道：

次日，宋先锋准备出东郊迎春，因明日子时正四刻，

又逢立春节候。是夜刮起东北风，浓云密布，纷纷洋洋，降下一天大雪。明日众头领起来看时，但见纷纷柳絮，片片鹅毛。空中白鹭群飞，江上素鸥翻复。飞来庭院，转旋作态因风；映彻戈矛，灿烂增辉荷日。千山玉砌，能令樵子怅迷踪；万户银装，多少幽人成佳句。

从上面的描述我们可以看出，这场雪是夜间开始下起来的，而"纷纷柳絮，片片鹅毛"，说明雪下得非常大。看到这里，你可能会产生疑问：立春时节，怎么会降下如此大雪呢？

立春，为二十四节气之首。"立"是开始的意思，而"春"则代表着温暖、生长。立春节气一到，我国北回归线及其以南的地区，如广东、广西、福建等地，便可明显感觉到早春的气息，万物开始有了复苏的迹象。不过，对长江流域及其以北的地区来说，"立春"只是进入春天的前奏，此时很多地区尚处于冷空气的控制之下，几乎感受不到春的气息。盖州地处辽东半岛西北部，从地理位置来看，这里是中国的北方，所以，立春这天降下大雪也就不足为奇了。

萧让引出的话题

这场不期而至的大雪，很快引起了梁山好汉们的兴趣，因为平时难得有闲心欣赏雪景，所以大伙儿都表现得兴致勃勃。

地文星圣手书生萧让，在《水浒传》中只是一个"打酱油"的角色，平时也比较低调，不过在这里，作者施耐庵却让他露了一下脸。原著中这样写道：

> 当下地文星萧让对众头领说道："这雪有数般名色：一片的是蜂儿，二片的是鹅毛，三片的是攒三，四片的是聚四，五片唤做梅花，六片唤做六出。这雪本是阴气凝结，所以六出，应着阴数。到立春以后，都是梅花杂片，更无六出了。今日虽已立春，尚在冬春之交，那雪片却是或五或六。"乐和听了这几句议论，便走向檐前，把皂衣袖儿承受那落下来的雪片看时，真个雪花六出，内一出尚未全去，还有些圭角，内中也有五出的了。

上面萧让的一番话，说明雪花的外形并不单一，它们有六种不同的形态，其中立春这天下的雪花呈五角形或六角形。很显然，萧让是一个十分细心的人，过去下雪的时候，他应该不止一次仔细观察过雪花。那么，雪花真的如萧让所说，具有六种不同的形态吗？

雪花大多呈六角形

雪花是一种美丽的结晶体，又名未央花和六出，是天空中的水汽经凝华而形成的固态降水。我们平时见到的雪花，大多呈六角形，你知道这是为什么吗？

原来，雪花的形态和水汽在云中的结晶过程密切相关。众所周知，在太阳光的照射下，地球表面的水会蒸发形成水蒸气，它们被抬升到空中后，随着高度增加，气温降低，空气中的水汽达到饱和，便会有多余的水汽析出。如果空中的温度高于0℃，多余的水汽便液化成小水滴；如果温度低于

◆ 六角形的雪花

0℃，则水汽就凝华为小冰晶。这些小冰晶和其他晶体一样，拥有自己规则的几何外形：六边形。也就是说，它们有六个突出的"尖角"。当云中的水汽非常丰富时，小冰晶会不断成长，水汽分子附在它身上，就像滚雪球般越滚越大。在此过程中，小冰晶的六个"尖角"就像六只小手，不停地把四周的水汽分子抓过来。随着小冰晶"身躯"渐长，"尖角"也越发突出，

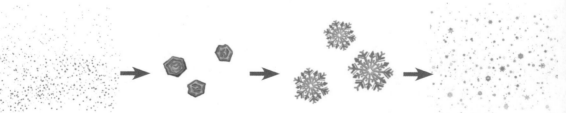

地表的水蒸发形成水蒸气 　如果温度低于0℃，则水汽就凝华为小冰晶 　小冰晶不断成长，水汽分子附在它身上，最后变成了六角星形的大冰晶 　当云托不住它们时，它们就会降落下来，没有融化的便形成了雪

◆ 雪花形成原理图

最后变成了六角星形的大冰晶。当云因它们的质量较大而托不住它们时，它们就会掉下来成为雪花。

雪花从空中飘落时，它们身上的"尖角"为什么不会被折断，而一直保持六角形呢？科学家发现，晶体在空中飘浮时，本身还会振动，这种振动是环绕对称点进行的，这就像汽车的减震装置一样，不但能够减轻空气阻力对"尖角"的冲击，而且还能使晶体进行自我调整和修复，所以，雪花在飘落过程中一般不会发生形态的变化。

雪花有多少种形态

雪花的基本形状是六角形，不过，在不同的环境条件下，它们又可呈现出各种各样的形态。气象专家告诉我们，这主要是由降雪云层中的温度和湿度瞬息万变造成的：当云中的水汽条件不够充分时，小冰晶的"尖角"几乎捕捉不到水汽分子，这时水汽只在冰晶"躯干"上凝华，因为"营养不良"，所以形成的是瘦长形的柱状雪花；当云中水汽条件比较充分时，小冰晶成长所需要的"营养"相对较多，它的"躯干"长得要胖一些，不过，其"尖角"还是抓不到多少水汽分子，所以形成的是片状雪花；当云中水汽条件十分充足时，冰晶"大吃特吃"，各部分都长得很饱满，特别是"尖角"处位置突出，水汽供应最充分，凝华增长得最快，所以多形成枝状或星状的雪花。

此外，冰晶从云中下降到地面时，由于路途较长，有时也会因碰撞、合并等而发生形态改变。比如降大雪时，一些鹅毛般的大雪片，就是两个或两个以上的冰晶经过多次互撞合并而成的。如果冰晶碰撞的力度过大，碰撞双方"头破血流"，那么便会产生一些畸形的雪花。比如在降雪的时候，有时会见到一些单个的"星枝"，便属于这种情况。

现在回过头来看，地文星萧让所说的雪花有六种，其实远远不止。气象专家告诉我们，雪花千姿百态，每一朵雪花都有自己独特的形态。不过，由于大部分雪花呈六角形，所以古人有"草木之花多五出，独雪花六出"的说法，而我们通常也认为雪花就是六角形。

玩雪时应注意什么？

一是要穿好衣服，戴好帽子，抹上滋润度较高的润肤霜，以免冻伤。二是穿上厚一些的防滑防湿鞋子，以防滑倒或冻伤脚。三是堆雪人或团雪时，不要用手直接接触雪，而应借助工具或戴上防水手套。四是玩雪要适当，不可运动过度，在玩闹过程中如果出现出汗或贴身衣服被打湿的情况，要回到室内休息，及时换掉湿衣服。

形形色色的天空云

——从《西游记》悟空腾云说起

《西游记》是一部家喻户晓的长篇神话小说,作者吴承恩在书中写了大量与气象有关的故事。

原著第二回,讲述孙悟空到灵台方寸山拜师学艺,他先是学了爬云之术,书中这样写道:

> 悟空弄本事,将身一耸,打了个连扯跟头,跳离地有五六丈,踏云霞去勾有顿饭之时,返复不上三里远近,落在面前,叉手道:"师父,这就是飞举腾云了。"祖师笑道:"这个算不得腾云,只算得爬云而已……"

接下来,菩提祖师向悟空传授了筋斗云,"将身一抖,跳将起来,一筋斗就有十万八千里路哩"。学会了筋斗云,孙悟空就能轻易地日行千里。事实上,不仅孙悟空会腾云,《西游记》中的神仙和妖怪也会腾云驾雾。那么,云是如何形成的?

◆ 天空中的云

它真的能把神仙和妖怪托起来吗？

云的成因

咱们先来了解一下云的结构。天空中的云看上去十分轻盈，它们有的是由许多细小的水滴或冰晶构成的，有的则是由小水滴和小冰晶混合在一起构成的，而有时候，则包含了一些较大的雨滴及冰、雪粒等。

气象专家告诉我们，一朵云的形成必须具备三个条件。第一，充足的水汽。在太阳的照射和风的吹拂下，海洋表面无时无刻不在蒸发，水蒸发就变成了水汽。据科学估算，全年由海洋蒸发到空中的水汽达几百万亿吨之多。这么多的水汽，为云的形成奠定了基础。第二，足够多的凝结核。很多时候，我们看天空纯净湛蓝，似乎一尘不染，其实，空气中飘浮着许多人类肉眼看不到的微小尘粒，它们就像海绵宝宝一样，极易吸附水汽。在气象学上，这些尘粒被称为凝结核。第三，足够冷却。空气中的水汽要凝结成小水滴或凝华成小冰晶，必须在一定的温度下才能进行。我们都知道，低层大气的温度往往比较高，这里的水汽一般不会凝结或凝华，但随着高度增加，气温逐渐降低，当又湿又热的水汽上升到一定高度时，就会因温度降低而发生凝结或凝华现象。若高空的温度高于0℃，水汽就凝结成小水滴；温度低于0℃，水汽就凝华为小冰晶；当温度正好是0℃，则可能会出现小水滴和小冰晶共存的现象。

小水滴和小冰晶形成后集结在一起，当它们越来越多，达到人的眼睛能辨认的程度时，云便"诞生"了。从云的成因我

◆云形成示意图

云

凝结核

吸热

雨/雪

水蒸气

们可以看出，这些小水滴和小冰晶根本不可能托住人的身体，所以神仙和妖怪腾云驾雾，都是作者吴承恩虚构出来的情节。

脾气暴躁的低云族

天上的云时刻都在变化，它们"长相"迥异，"身材"有高有低，体形有胖有瘦。为了识别它们，人们为这个庞大的"家族"编排了"家谱"。1929年，国际气象组织以英国科学家路克·何华特制定的分类法为基础，将它们分为十大云属，而这十大云属又按云底高度划分为三大族系：低云族、中云族和高云族。

低云族通常是指云底距地面2千米以下的云层，它们由"四大家族"构成。

一是积状云家族。这个家族有四个兄弟：淡积云、碎积云、浓积云和积雨云。淡积云是一种扁平状的云，而碎积云则比较破碎。浓积云"身材"臃肿，"脑袋"像花椰菜，有时会产生阵性降水。积雨云"身材"高大魁梧，远看像耸立的

◆淡积云

◆碎积云

高山，它一出现，往往雷鸣电闪，大雨倾盆，有时还会降下冰雹。

◆浓积云

◆积雨云

二是层积云家族。这种云的特征是常成行、成群或波状排列，云块个体都相当大，看上去像大海里的波浪。这个家族有五个弟兄，分别是透光层积云、蔽光层积云、积云性层积云、堡状层积云和荚状层积云。

◆透光层积云

三是层云家族。这种云呈灰色或灰白色，云层低而均匀，看上去有点像雾，有时会降下毛毛雨或米雪。

四是雨层云家族。这种云又厚又均匀，把天空遮蔽得严严实实，一旦出现，常常会带来少则一天、多则数天的降水。

孙悟空最初学爬云，离地只有五六丈高，也就是16~20米。

◆层云

◆雨层云

对照低云"四大家族"来看，他飞升的高度连最矮的层云都没有达到（层云的云底高度为 50~100 米）。所以说，孙悟空最初的飞升本领只能算驾雾，根本称不上腾云。

性格温柔的中云族

中云族通常是指在 2~6 千米高空形成的云，这个云族的成员比较简单，只有高积云和高层云两大家族，"性格"也比较温柔，一般不会下猛烈的雨。

高积云家族的成员有六个，即透光高积云、蔽光高积云、荚状高积云、积云性高积云、絮状高积云和堡状高积云。它们的"块头"一般较小，但轮廓分明，常呈扁圆形、瓦块状、鱼鳞片，或是水波状，并且成群、成行排列。

高层云家族有两兄弟，老大叫蔽光高层云，老二叫透光高层云。从地面看上去，高层云仿佛是一大片带有条纹或纤缕结构的幕布，云层较薄的部分，可以看到昏暗不清的日月轮廓，好像隔了一层毛玻璃。

◆透光高积云

在《西游记》一书中，孙悟空和妖怪经常腾云在半空打斗，从云底高度来看，他们所腾的云便是中云，而从云的形状来看，多半是中云族中的高积云。

美丽多姿的高云族

高云族一般形成于 6 千米以上的高空，这个族系的云层一般很轻盈，呈纤维状，多数透明，并且多姿多彩。

高云的第一家族叫卷云。这种云具有丝缕状结构，有柔丝般光泽，有的像丝条，有的像羽毛，有的像马尾，有的像钩子……卷云家族有四个美丽的"姑娘"，即毛卷云、密卷云、钩卷云和伪卷云。

高云的第二家族叫卷层云。这是一种白色透明的云幕，阳光和月光穿过它们时能在地面上形成影子，有时还能形成美丽的晕环。卷层云家族有两个"女孩"，即薄幕卷层云和毛卷层云。

◆ 毛卷云

◆ 钩卷云

　　高云的最后一个家族叫卷积云。这是一种像鳞片或球状细小云块组成的云片或云层，常排列成行或成群，很像轻风吹过水面所引起的小波纹。卷积云是一个"单身女子"，它和卷云、卷层云都有亲戚关系，一般也是由这两种云演变而来。

　　由于高云的位置很高，形状和颜色都很漂亮，所以在《西

◆ 卷积云

游记》一书中，这种云通常是天庭的"专利"。天庭神仙出场，往往都是足踏祥云，有的头顶还有晕环。孙悟空学会了筋斗云后，可以自由往来天庭，因此他也有资格尽情欣赏和享受高云的美丽了。

看云识天要注意什么？

云是天气的招牌，学会看云，可以帮助我们识别天气。不过，看云时一定要注意：一是注意安全，切勿在马路、街道等车辆往来频繁的地方看云，也不要在河边、水库等危险的地方观看。二是注意保护眼睛，白天阳光强烈时看云，会对眼睛产生刺激，所以最好戴上墨镜。三是注意雷电，当天空被积雨云笼罩时，极易产生雷电，此时千万不要站在树下及空旷的地方，而应迅速回到室内躲避。

天气预报是如何"出炉"的
——从《西游记》卜雨谈天气预报制作

　　《西游记》第九回，写泾河龙王和长安卖卦先生袁守诚打赌：袁守诚算出明日午时会下雨"三尺三寸零四十八点"，但龙王怎么都不肯相信，因为他是司雨龙神，自己都不知道天上下雨，凡人袁守诚怎么可能事先知晓呢？谁知刚回到泾河水府，便接到了玉帝圣旨，降雨时辰及雨量与袁守诚所言不差分毫。龙王大惊失色，感叹世间竟有如此通天晓地的能人。

　　袁守诚卜卦给天公"算命"，这当然是吴承恩虚构的故事。不过，在现实之中，确实有一帮人每天在给天公"算命"——他们，就是制作天气预报的气象人。

天气预报的定义

　　天气预报也叫气象预报，是对未来一定时期内天气变化的事先估计和预告。按照预报时效的长短，天气预报可分为六大类：一是短时预报，这是根据雷达、卫星探测资料，对局地强风暴系统（如台风）进行实况监测，作出的未来1~6小时的动向预报；二是短期预报，

◆小朋友参观气象台

即未来24~48小时的天气预报，中央电视台每天播放的便是此类预报；三是中期预报，是对未来3~15天的天气情况的预报；四是长期预报，指1个月到1年的预报；五是超长期预报，指时效1~5年的预报；六是气候展望，一般指10年以上的气候预测。

　　另外，根据预报覆盖的地区来划分，天气预报又可分为三大类。一是大范围预报。这种预报主要由世界气象中心、区域气象中心及国家气象中心制作，预报覆盖的范围非常大，既包括全球、半球，也包括大洲和国家范围。二是中范围预报。这种预报由省、市（州）气象台和地区气象台制作，覆盖范围可以是全省，也可以是市（州）和地区。三是小范围预报。这类预报一般由当地气象台站制作，覆盖的范围可以是一个县，也可以是一座城市，还可以是水库、机场、港口等小范围地区。

　　从以上天气预报的种类我们可以看出，气象人员不但可以

预报全球范围的天气，而且可以预测 10 年以上的气候。从预报时效和范围来说，《西游记》中的袁守诚都可望而不可即。

气象人的工作

作为给天公"算命"的气象人，他们每天都在干些什么呢？

气象观测是制作天气预报的基础，全世界所有的气象观测站，每天都会在固定的时间对大气进行观测。温度、湿度、风、气压、能见度、云……这些气象要素的变化，往往预示着天气要发生变化。气象人员每天的工作，很大一部分就是观测这些要素，这相当于是记录天公的"一举一动"，因此，气象

◆ 气象观测场

人戏称自己是给天公当生活秘书的。气象观测的资料，一方面用于天气预报的制作，另一方面，长期积累的观测资料，对当地经济建设和气候资源开发利用大有益处。比如，修建大型建筑物、水电站，以及开发利用风能、太阳能等，都需要查阅这些气象观测资料。

天气预报是气象人最重要的工作，预报准不准，关系到防灾减灾成效和老百姓的工作、生活质量。每年汛期（一般为5~9月），是气象人最为繁忙的时候，这时天公的脾气比较暴躁，它一生气，暴雨、大风、雷电等气象灾害就会频繁发生。制作天气预报，相当于是给天公"算命"，不过，气象专家是根据大量观测资料、依靠科学方法来进行，从科学性来说，算卦先生袁守诚完全没有可比性。

天气预报如何出炉

天气预报制作的过程，就是同天公斗智斗勇的过程。气象专家做预报，可以用三个字来总结：看、算、商。

看，就是看天气图、卫星云图、雷达回波图等。当然，专家们的"看"，并不是走马观花，而是一边看一边分析。在天气图上，有许多"点"，一个"点"代表一个气象站，"点"周围的数字分别表示温度、气压等观测值。一条条光滑的曲线代表等压线，线条围起来的圆圈，有的表示高气压，有的表示低气压。高气压表示一个地方的空气处于下沉阶段，一般代表的

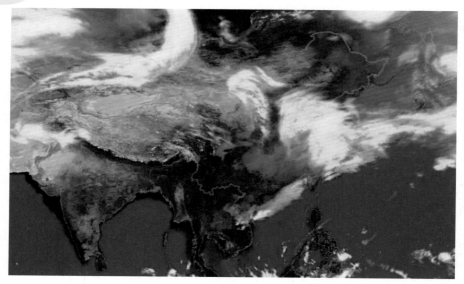

◆卫星云图

是晴好天气；而低气压则相反，它表示一个地方空气正处于上升阶段，代表的是阴雨天气。所以，气象专家看天气图，就要分析哪里是低压，哪里是高压。卫星云图是气象卫星在太空拍摄、每隔一段时间传回地面的图片，通过它，可以很直观地看到哪里有云，哪里没云，以及云层是如何移动的。专家们通过卫星云图，可以分析云系的移动方向和速度等。

算，就是以初期数据为基础，通过物理定律计算出未来可能出现的天气数据，这一工作主要依靠先进的计算机完成。

商，就是气象专家们聚在一起，对天气进行总体"诊断"。这就像老中医治病要靠经验一样，气象专家的经验和素质非常重要。通过会商讨论，专家们的意见一致后，当天的天气预报就制作出来了。

◆预报会商

当然，就像经验丰富的老中医也不可能包治百病一样，经验丰富的气象专家也会有拿捏不准的时候，所以天气预报不可能百分之百准确，与社会公众的期望尚有一定差距。不过，随着气象科学技术水平的提升，预报准确率也会像芝麻开花一样——节节高。

天气预报的术语

我们在收听天气预报时，常常会听到"今天白天""今天夜间"，以及"多云""阴""晴"等气象用语。你知道它们的含义是什么吗？

"今天白天"，指的是8点到20点这12小时，而"今天夜间"指的是20点到次日早上8点这12小时，具体时间段见下表：

凌晨	早晨	上午	中午	下午	傍晚	前半夜	后半夜
03 时—05 时	05 时—08 时	08 时—11 时	11 时—13 时	13 时—17 时	17 时—20 时	20 时—次日 02 时	次日 02 时—08 时
今天白天		今天夜间		今天下午到夜间		今天白天到夜间	
08 时—20 时		当日 20 时—次日 08 时		12 时—次日 08 时		08 时—次日 08 时	

"晴"指天空无云，或有零星云块，中、低云量不到 1 成，高云量在 4 成以下；"多云"指天空中有 4～7 成的中、低云层，或有 6～10 成的高云；"阴天"指中、低云云量占天空 8 成及以上，天空阴云密布，或稍有云隙，但仍感到阴暗。

此外，天气预报用语中还有"间""转"等词，比如"晴间多云""阴间多云""晴转多云""阴转多云"等，它们又是什么意思呢？

"间"是间或、有时的意思。"晴间多云"指天空以晴天为主，间或出现少量云朵；"阴间多云"指天空以阴为主，间或天空云层有缝隙，透出部分蓝天。

"转"的意思是转变，表明大气环流有转变，将有天气系统影响。"晴转多云"指天空云量增多，"阴转多云"则说明未来一定时间内，天气形势逐渐朝好的方向发展，且趋势比较明显，表现为天空由阴暗、满天云层变化为云层逐渐抬高，云量减少。

如何获取天气预报？

　　气象台制作好了天气预报，就会及时向社会公布。我们可以通过多种途径获取天气预报：一是电视、广播，每天电视台、广播电台都会定时播出天气预报节目。二是报纸，大部分报纸，特别是晚报、都市报都设置了天气预报栏目。三是互联网，通过互联网获取天气预报信息非常方便，尤其是通过智能手机可以随时随地查询各地天气信息。

黄风怪吹的是什么风

——解析《西游记》中黄风的性质

　　《西游记》第二十一回，讲述孙悟空大战黄风怪，两人斗经三十回合不分胜败。为了速战速决，孙悟空揪下一把毫毛，变作百十个小悟空一起上前围攻。黄风怪急了，张口吹出一阵黄风，把小悟空们一下刮在半空中，而孙悟空本人也被刮得睁不开眼睛，不得不败下阵来。

　　这阵黄风在地面上更是十分可怕，书中讲猪八戒"见那黄风大作，天地无光，牵着马，守着担，伏在山凹之间，也不敢睁眼，不敢抬头，口里不住的念佛许愿"。而护法伽蓝变化的老者也形容那黄风"能吹天地怪，善刮鬼神愁，裂石崩崖恶，吹人命即休"。

　　那么，黄风怪吹的究竟是什么风？这种风在现实之中是否存在呢？

黄风的特征

咱们先来分析一下黄风的特征。

根据书中描述，黄风怪吹出的黄风有三个特征。第一，风的颜色呈黄色。我们都知道，风是空气流动形成的，空气无色

无味，因此风一般不会有颜色。而黄风之所以呈现黄色，应该是风中挟带了大量细小的黄色物质。第二，风力特别强劲。黄风能把百十个小悟空一下全部刮飞，而颇有法力的猪八戒也被吹得伏在山凹间不敢动弹，说明黄风的风力十分可怕。第三，风会刺激人的眼睛。孙悟空被黄风吹了一下后，便睁不开眼睛，之后又眼珠酸痛，冷泪长流，说明风中有刺激性的物质存在，它们有可能是沙尘，也有可能是微生物，还有可能是两者的混合物。

综上所述，黄风怪吹的黄风，应该是现实中一种十分可怕的气象灾害——沙尘暴。

什么是沙尘暴

沙尘暴，是指强风从地面卷起大量沙尘，使水平能见度小于1000米的一种灾害性天气现象。气象专家告诉我们，沙尘暴其实是沙暴和尘暴

◆沙尘暴中的城市

的总称：沙暴是指大风把大量沙粒吹入近地层所形成的挟沙风暴，而尘暴则是大风把大量尘埃及其他细颗粒物卷入高空所形成的风暴。

中国史书中便有关于沙尘暴的记录。据《明史》记载："明朝天启元年四月乙亥午，宁夏洪广堡风霾大作，坠灰片如瓜子，纷纷不绝，逾时而止，日将沉，作红黄色。"这段文字形象地描述了沙尘暴袭击时的可怕景象。《甘肃全省新通志》记载：晋惠帝永康元年（公元300年），"冬十一月戊午朔，大风从西北来，折木飞沙走石，六日始息"。意思是说这场沙尘暴摧折树木，沙石均被吹起，持续6天方才平息。

沙尘暴有三个显著特征：第一，沙尘暴袭来时，人们常常看到在风刮来的方向上，有铺天盖地的风沙墙快速移动，像一面面高高耸立的移动城墙，场面震撼，仿佛世界末日；第二，远看风沙墙，其上层常呈黄色和红色，这是因为上层沙尘颗粒细，比较稀薄，阳光能透过沙尘射下来，所以颜色发黄发红，而下层沙尘由于颗粒粗，浓度大，阳光几乎被沙尘吸收或散射，所以呈现黑色；第三，强沙尘暴发生时会刮起8级以上大风，沙尘遮天蔽日，整个天空昏黄一片，仿佛黑夜提前来临。

沙尘暴是如何形成的

从沙尘暴的特征我们可以看出，沙尘暴和黄风怪所吹的黄风十分相似，可以说它就是黄风的原型。由此可见，吴承恩的创作并不是凭空虚构，而是以现实中的天气现象作为依据的。

当然，沙尘暴并不像《西游记》中的黄风那么简单，妖怪轻轻一吹便昏天黑地，它的形成与大气环流、地貌形态和气候因素有关，更与人为的生态环境破坏密不可分。气象专家告诉我们，沙尘暴的形成必须满足三个条件：一是沙尘，地面上要有大量沙尘，这是形成沙尘暴的物质基础；二是大风，这是沙尘暴形成的动力基础，在大风吹动下，沙尘才能铺天盖地地向远处蔓延；三是不稳定的空气状态，这是重要的局地热力条件，即在阳光照射下，近地面空气受热上升，同时高层冷空气下沉，冷热空气激烈交锋，产生大风，从而形成沙尘暴。

按照强度划分，沙尘暴可以分为四个等级：一是弱沙尘暴，风力在 4 级至 6 级之间，能见度在 500 米至 1000 米以内；二是中等强度沙尘暴，风力在 6 级至 8 级之间，能见在 200 米至 500 米以内；三是强沙尘暴，风力大于 9 级，能见在 50 米至 200 米以内；四是特强沙尘暴（也叫黑风暴），其瞬时最大风速大于等于 25 米/秒，能见度小于 50 米（有时甚至降低到 0 米）。

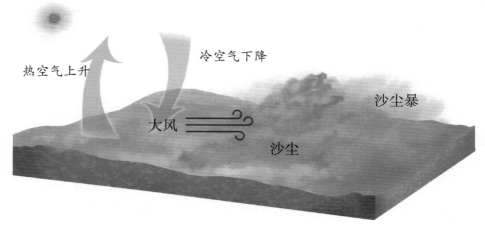

热空气上升　　冷空气下降

大风　　沙尘

沙尘暴

◆沙尘暴形成示意图

沙尘暴的危害

《西游记》中，黄风怪吹出的黄风十分可怕，让孙悟空和猪八戒吃尽了苦头。那么，现实中的沙尘暴有哪些危害呢？

1934年春季，美国西部草原地区曾经遭遇过一场人类历史上前所未有的"黑风暴"袭击。三天三夜，狂风和沙尘在草原上疯狂肆虐，形成了一个东西长2400千米，南北宽1440千米，高3400米的巨大黑色风暴带。黑风暴所经之处，溪水断流，水井干涸，田地龟裂，庄稼枯萎，牲畜渴死，千万人流离失所。1960年3月和4月，苏联新开垦地区先后两次遭到黑风暴侵蚀，经营多年的农庄几天之间全部被毁，颗粒无收。三年之后，这些新开垦地区又一次发生了黑风暴，哈萨克斯坦新开垦地区受灾面积达2000万公顷，损失十分惨重。

气象专家告诉我们，沙尘暴是一种强灾害性天气，它的危害性主要体现在四个方面。一是造成人畜伤亡。沙尘暴的风力十分强劲，往往会把房屋吹垮，把畜棚摧毁，从而造成人和畜牧受伤或死亡。二是影响交通安全。沙尘暴袭来时，能见度很低，再加上强风劲吹，不但让飞机不能正常起飞或降落，而且还会导致汽车、火车停运，有时甚至造成火车脱轨。三是造成环境污染。沙尘暴所过之处，空气浑浊，环境污染严重，含有有毒化学物质、病菌的尘土如果进入人的口、鼻、眼、耳之中，很可能引发多种疾病。四是造成土地退化。由于大风把沙尘卷走，沙尘源区和影响区都会受到不同程度的风蚀危害。据估计，我国每年由沙尘暴造成的土壤细粒物质流失高达106~107吨，对农田和草场的土地生产力造成严重破坏。

由此可见，沙尘暴的危害性，一点儿都不比《西游记》中的黄风小！

沙尘暴袭来时应注意什么？

一是及时关闭门窗，必要时可用胶条密封门窗。二是外出时要戴口罩，用纱巾蒙住头，以免沙尘侵害眼睛和呼吸道，同时要特别注意交通安全。三是机动车和非机动车应减速慢行，密切注意路况，谨慎驾驶。四是妥善安置易受沙尘暴损坏的室外物品。五是发生强沙尘暴天气时不宜出门，尤其是老人、儿童及患有呼吸道过敏性疾病的人。

火焰山是如何形成的

——《西游记》中的火焰山原型

《西游记》第五十九回，讲述唐僧师徒在火焰山遇阻的故事。原著中写道：

> 三藏闻言，起身称谢道："敢问公公：贵处遇秋，何返炎热？"老者道："敝地唤做火焰山。无春无秋，四季皆热。"三藏道："火焰山却在那边？可阻西去之路？"老者道："西方却去不得。那山离此有六十里远，正是西方必由之路，却有八百里火焰，四周围寸草不生。若过得山，就是铜脑盖，铁身躯，也要化成汁哩。"三藏闻言，大惊失色，不敢再问。

从上面这段文字可以看出，火焰山是一个十分凶险的地方：山上有八百里火焰，山四周寸草不生，炎热无比。看到这里，你可能会说：这样的大山在现实中不可能存在，它应该是作者吴承恩凭空虚构出来的。

火焰山还真不是杜撰出来的，现实中确实有这么一座山！

温度奇高的火焰山

《西游记》中火焰山的原型，位于我国新疆维吾尔自治区吐鲁番盆地中北部，名字就叫作火焰山，古书称其为"赤石山"，维吾尔语称为"土孜塔格""吐斯塔格"（意思是"红山"）。

火焰山的山体主要由红砂岩构成，它东起鄯善县兰干流沙河，西至吐鲁番桃儿沟，全长约100千米，最宽处达10千米。外地人来到火焰山，但见这里童山秃岭，寸草不生，漫山遍野一片赤红；地面上红沙漫漫，尘灰飞扬，常年高温形成的龟裂土地看上去触目惊心。尤其是盛夏季节，在烈日艳阳的照射下，地面上热气蒸腾，烟云笼罩，赤褐色的山体反射着灼热的阳光，砂岩熠熠闪光，红艳如火，整座大山形如飞腾的火龙，十分壮观。

火焰山虽无《西游记》中描述的那般火热，但它的温度之高、炎热之烈却也绝非寻常。据气象观测资料统计，夏季火焰山的最高气温高达47.8℃，地表最高温度更是超过70℃。这么高的温度，很快就能把一只埋在沙窝里的鸡蛋烤熟，所以当地人经常一边晒日光浴，一边享受烤鸡蛋的美味。不过，火焰山的高温来得快，去得也快。太阳落山后，大地就如熊熊燃烧的火炉一下熄灭了一样，气温急剧下降。因此，当地有这样的民谚："早穿棉袄午穿纱，守着火炉吃西瓜。"这句民谚形象地道出了火焰山地区的独特气候特点。

有关火焰山的传说

那么，火焰山是如何形成的？它为何炎热难当、酷暑逼人呢？《西游记》中写道：当年孙悟空大闹天宫时，被二郎神捉住，但任凭刀砍雷劈，都不能伤孙悟空一根毫毛。后来太上老君把孙悟空投入八卦炉中煅烧，想用炉中真火把他烧成灰末，岂料几十天后，孙悟空不但没有被烧死，反而炼就了一双火眼金睛。他从炉中冲出来，一脚踢翻了太上老君的八卦炉，并一路打上灵霄宝殿，将整个天宫再次闹得天翻地覆。孙悟空大闹天宫不打紧，打紧的是人间因他的打闹遭了殃：炉中炭火打翻后，落入了吐鲁番盆地，炙热的火炭在崇山峻岭间熊熊燃烧，使这里成了举世闻名的火焰山。

除了《西游记》中有关火焰山的描述，在当地还有一个民间传说：吐鲁番地区原是一个十分富饶的鱼米之乡，人们勤劳耕种，过着衣食无忧的生活。然而有一天，一只火龙窜到这里，经常骚扰百姓。它一来到，就会使森林着火，庄稼被烧。人们忍无可忍，一致推举当地的一位神箭手去射杀火龙。神箭手与火龙展开追逐大战，经过七七四十九天，用了九九八十一支神箭，才将火龙双眼射瞎。瞎眼火龙坠落地面后，很快就化成了一座熊熊燃烧的大山。这就是今天的火焰山。

地理地形造就火焰山

其实，火焰山的形成经历了漫长的地质岁月，跨越了侏罗纪、白垩纪和第三纪几个地质年代，在经过了上亿年的风蚀、沙化、雨浸，特别是在长期的高温干旱侵袭后，才形成了今天的地貌格局。

火焰山之所以异常酷热，与其所处的地理地形条件密不可分。首先，吐鲁番盆地是我国海拔最低的地区，有的地方海拔甚至低于海平面，而其四周高山环绕，高大的山体阻挡了气流的进出，白天，在没有气流下沉的情况下，该地区空气流通不畅，特别是火焰山一带经常处于无风或风力微弱状态，因而热量无法散失。其次，吐鲁番盆地是典型的内陆气候，干燥少雨，天气晴好，太阳照射时间长，再加上地面植被稀疏，地层表面多为易吸热的砂石层，因而，该地区在太阳的炽烈照射

◆ 火焰山地貌

下，升温很快，温度明显高于其他地区。另外，火焰山山体通红，更给人的心理上增加了炎热之感。

火焰山下的大水库

在《西游记》中，火焰山附近的老百姓为了生活，每年都必须备上厚礼，请铁扇仙来暂时扇灭火焰，然后才能播种庄稼，勉强生存下去。那么，现实之中，人们是如何在火焰山生活的呢？

吐鲁番盆地的火焰山炎热高温，寸草不生，生命似乎在此难以存活。但令人意想不到的是，这座"燃烧"的大山底下，却有着丰富的地下水资源，而火焰山的山体，就像一座大坝，把地下水囤积起来，养活了附近几个地区的生命。特别是距火焰山不远的葡萄沟，更是景色秀丽，别有洞天。这里铺绿叠翠，茂密的葡萄田漫山遍谷，溪流、渠水、泉滴，给沟谷增添了无限诗情画意，沟里还有桑、桃、杏、苹果、石榴、梨、无花果、核桃、西瓜、甜瓜，以及榆、杨、柳、槐等多种树木，使得葡萄沟成了远近闻名的"百花园""百果园"。

这座养活众多生命的地下水库是如何形成的呢？原来，在离火焰山较远的地方，有一座座冰雪覆盖的大山，这些雪山上的冰雪融化后渗入地下，并顺着戈壁砾石一路流淌。当地下水流到火焰山底下时，遭到了火焰山的阻挡，因为构成火焰山的山体十分厚密，不易被水渗透，于是地下水便在这里囤积起来。随着水位抬升，甘爽清凉的泉水溢出地面，滋养了连木沁等数块绿洲，从而也养育了这一带的生命。

火焰山由于独特的自然面貌，再加上吴承恩将其写进《西游记》中，所以一直充满了神奇色彩，每年都会吸引不少人来到这里，争相一睹它的真面目。

到火焰山旅游应注意什么？

一是注意保暖。西北地区平均气温较内地低，昼夜温差大，因此夏季旅游时仍需带上外套或羊毛衫，晚上睡觉时应将空调温度调到适度，不要过凉。二是注意防晒。火焰山所在的地区天空晴朗，紫外线照射强烈，因此要注意防晒。三是注意防暑。夏季火焰山白天气温很高，十分炎热，因此应配备清热、防暑的药物或冲剂。四是不要贪吃。火焰山的葡萄沟瓜果很多，到那里旅游吃水果是一大乐事，但不要多吃，也不要在吃完水果后喝热茶，以免造成腹泻。

人工降水的奥秘

——从《西游记》求雨漫谈人工降水

　　《西游记》第八十七回，讲述天竺国凤仙郡的郡侯在祭拜天神时，因一时疏忽，惹怒了玉皇大帝。玉帝一生气，就使此地三年没有下雨。旱灾使得人们无法生活，原著中这样写道："一连三载遇干荒，草子不生绝五谷。大小人家买卖难，十门九户俱啼哭。三停饿死二停人，一停还似风中烛。"郡侯不得已，只好招求法师祈雨。恰好唐僧师徒路过此地，孙行者上天找玉帝理论，玉帝自知理亏，不得不下令降下大雨，解除了凤仙郡的旱情。

　　玉帝作为天庭的最高长官，下雨是他的绝对"专利"，一旦得罪了他，就会吃不了兜着走，别想有一滴雨降下来。当然，这只是神话传说，今天随着科学技术的发展，人类早就掌握了"呼风唤雨"的本领。下面，咱们一起来看看气象专家是如何开展人工降水的吧。

◆飞机在云中开展降水作业

人工降水的起源

人工降水，又称人工降雨，是指根据自然界降水形成的原理，人为补充某些形成降水的必要条件，促进云滴迅速凝结或碰并增大成雨滴，降落到地面的过程。

很早以前，人类便有了"呼风唤雨"、控制天气变化的想法。1946年，美国科学家雪佛尔等人发现，干冰和碘化银可以作为高效的冷云催化剂，增加云中的冰晶数量，进而增加雨滴的数量和直径，提高云降水的转化率。这一发现，开创了人工影响天气的新时代。从那时起到现今，全世界已有100多个国家和地区先后开展了人工降水试验。

我国的人工降水开始于20世纪50年代。1958年，吉林省出现百年未遇的干旱，赤地千里，庄稼无收，中国气象局和中国科学院、吉林省人民政府联合，开展了首次飞机人工降水试验并获得了成功。其后的数十年，全国大部分省（区、市）陆续开展了人工影响天气工作。经过 60 多年的发展，我国的人工影响天气作业规模已达世界第一。

人工降水的原理

玉帝是天上的老大，什么地方该下雨、什么时候下雨、下多少雨，都是他一个人说了算。

人类向天上"要雨"，也得看天公的脸色，俗话说"巧妇难为无米之炊"。人工降水的首要条件就是云，并且必须是会下雨的云，比如积雨云、雨层云之类厚而低的云。如果天空没有云，或者天上的云是毛卷云、高积云等薄而高的云，那么气象人员无论怎么努力，天上都不可能下雨。其次，是根据不同云层的物理特性，选择合适时机，向云中播撒干冰、碘化银、盐粉等催化剂，促使云层降水或增加降水量。天上的云温度都不尽相同，气象专家把温度高于 0℃的云称为暖云，要想暖云降水或增雨，就需要在云中播撒盐粉、尿素等吸湿性粒子，促使大云滴生成并落到地面成为降水；温度低于 0℃的云被称为冷云，在这种云中播撒干冰、碘化银等催化剂，就会产生大量冰晶，使冷云上部的冰晶密度增大，从而促成或增加降水。看到这里，你可能已经明白了人工降水的原理了。没错，人类不是神仙，而人工降水也不可能做到想下雨便下雨的地步。

人工降水的方法

《西游记》中，降雨的程序比较复杂，原著第四十五回《三清观大圣留名，车迟国猴王显法》中写得很清楚，降雨首先要玉帝批准，然后各路神仙依次出动：先是风婆婆放出大风，然后是推云童子、布雾郎君行云布雾，紧接着雷公电母打雷闪电，最后才是龙王降下甘霖。

人工降水，也必须事先得到相关部门的批准。首先，气象台根据天气形势，判断天气条件有利于人工降水作业，于是发出指令，作业人员得到指令后，还必须向空域管理部门申请作业时间，得到批准后，才能开展人工降水作业。

作业人员播撒催化剂的方法主要有三种。一是利用高射炮播撒。这种高射炮的炮弹里面装了碘化银，炮弹在空中一爆炸，碘化银便会四散播撒开来。因为碘化银有结晶作用，会在云中不停吸引水汽，像裹雪球一样越

◆高射炮人工降水

◆车载火箭人工降水

长越大，当它们长大到一定程度时，就会坠落到地面上形成降水。二是利用火箭播撒。火箭发射架一般固定在敞篷汽车的车厢里，火箭弹有近一米长，弹头尖尖的，后面有螺旋桨式的尾翼，它的飞行高度比炮弹高得多，并且携带的催化剂也比炮弹多，因此火箭弹增雨的效果比高射炮更好。三是利用飞机播撒。在增雨飞机的两扇机翼后端，各挂着一个架子，每个架子上都装满了碘化银，飞机上天后，作业人员一摁控制器上的按钮，碘化银便自动撒播。由于飞机增雨的范围很广，一般可达数万平方千米，所以大面积的人工降水一般都采用飞机。

人工降水的作用

人工降水的作用非常多。下面简单介绍一下人工降水的几个作用。

人工降水的第一个作用，是抗旱解渴。干旱是大自然最严重的灾害之一，大旱发生时，往往数月滴雨不下，赤地千里。人工降水作业，可以让"吝啬"的老天降下甘霖，在一定程度上缓解旱情。

人工降水的第二个作用，是消除污染。利用人工降水增加城市降水，从而消除污染，提高城市的空气质量。

人工降水的第三个作用，是森林灭火。每年冬春季节天气干燥，是森林火灾的高发时期。森林一旦着火，扑灭大火是十分困难的。那怎么办呢？专家们想到了一个好办法：利用人工降水，请老天爷帮忙扑灭森林大火。

人工降水的第四个作用，是提前消雨。近年来，各地的大型活动越来越多，很多活动是在露天举行的，一旦遇到下雨天气，活动就会受到很大影响。有什么办法让老天不下雨吗？当然有，专家们想到了一个好办法：利用人工降水，使天上的雨提前下完，或者在降雨云系将要到来时，赶紧实施人工降水作业，把降雨云系"拦截"在城外。

除了上述几个作用外，人工降水还有许多好处，比如可以增加水库蓄水量，缓解枯水期电力不足的困难，而且，在利用高射炮、火箭作业时，发射上天的炮弹、火箭弹还可以阻止冰雹的生成，使农作物免受冰雹的危害。

遭遇干旱应该怎么办？

遭遇干旱，水会变得十分宝贵，我们一定要自觉节约用水：一是养成良好的节水习惯。比如刷牙时把不间断放水改为口杯接水，洗浴时把长时间不间断放水冲淋改为间断放水淋浴，冲洗水果蔬菜时也要尽量控制水龙头流量，间断冲洗。二是一水多用。洗脸水用后可以洗脚，养鱼的水用来浇花，淘米水用来洗菜，洗衣水用来洗拖把、冲厕所等。三是防止漏水。水龙头要随开随关，出门前、临睡前仔细检查水龙头是否关好，以免漏水。

滴水成冰的极寒天气

——从《西游记》金鱼怪冰封通天河谈起

《西游记》第四十八回，讲述唐僧师徒路阻通天河，金鱼怪作法刮起寒风，降下大雪，将通天河彻底封冻。原著中这样写道：

> 不觉天色将晚，又仍请到厅上晚斋。只听得街上行人都说："好冷天啊！把通天河冻住了！"三藏闻言道："悟空，冻住河，我们怎生是好？"陈老道："乍寒乍冷，想是近河边浅水处冻结。"那行人道："把八百里都冻的似镜面一般，路口上有人走哩！"

在这里，作者吴承恩写"八百里通天河"被冻的如镜面一般，行人能在河面上行走，可见金鱼怪弄的这场天气多么寒冷！在现实之中，这样极度严寒的天气存在吗？

什么是极寒天气

首先，咱们来看看气象专家对寒冷的定义。为了准确表述寒冷程度，气象专家制定了"寒冷程度等级表"，将气温 −40℃以下至 9.9℃的天气，由低到高分为八级：

级别	名称	气温
一级	极寒	−40℃以下
二级	酷寒	−39.9℃至 −30℃
三级	严寒	−29.9℃至 −20℃
四级	大寒	−19.9℃至 −10℃
五级	小寒	−9.9℃至 −5℃
六级	轻寒	−4.9℃至 0℃
七级	微寒	0℃至 4.9℃
八级	凉	5℃至 9.9℃

　　从上表中，我们可以看出，"极寒"的气温在 −40℃以下，它在"寒冷程度等级表"中名列一级，而在气象书中，"极寒"是"极度寒冷天气""极度寒冷气象环境"或"极度寒冷温度环境"的简称。那么，极寒天气是怎么形成的呢？

极地上空的"妖怪"

　　在吴承恩笔下，极寒天气是金鱼怪作法形成的。金鱼怪是一个神通广大的家伙，不但有呼风唤雨、搅海翻江的本领，而

◆极寒天气

且还会降雪和作冷结冰。在金鱼怪的运作下，一场极寒天气不期而至，将通天河"冻的似镜面一般"。

在现实中，极寒天气的形成也与一个"妖怪"密不可分，它就是南极和北极上空的极地涡旋。极地涡旋简称极涡，是极地高空冷性大型涡旋系统，通俗地说，就是一团十分庞大且不停旋转的冷空气。

那么，极地涡旋是如何形成的呢？气象专家告诉我们，地球的南极和北极由于太阳照射的时间很少，那里的温度极低，空气十分寒冷，大团的冷空气由于自身比较沉重，常常会下沉到近地面，堆积形成冷高压，而冷空气下沉之后，高空会出现一个很大的低压"空洞"，这个"空洞"会吸引周边的冷空气源源不断地流进来补充。而在冷空气流动的过程中，由于地球绕地轴自西向东旋转，会形成一个科里奥利力（即地转偏向力），这个力在赤道几乎可以忽略不计，但在极地却非常大，就像一只巨手般搅动冷空气，使其产生旋转，形成巨大的回旋气流，这就是我们所说的极地涡旋。

极地涡旋的势力非常庞大，其半径往往达数千千米，一旦时机成熟，冷空气就会向纬度较低的地方狂涌而来，形成令人胆寒的极寒天气。

束缚"烈马"的高空急流

正常情况下，极寒天气很少发生，这是因为地球上有高空急流存在。

高空急流，指地球上空 9000 多米至 10000 多米之间一条较窄的高速气流带。高空急流通常长几千千米，宽几百千米，厚几千米，其中心风速 200~300 千米／时。在北半球，高空急流又叫西风急流，可以说它是极地涡旋的克星：冬季，强劲的高空急流环绕在中纬度地区，包裹着极地涡旋，将冷空气紧紧禁锢在极区内。如果把冷空气比作野马群，将极地比作一个巨大无比的马厩，那么西风急流便是马厩的围栏。正常情况下，赤道很热，极地很冷，这种温度差促使西风急流自西向东沿纬圈运动，由于没有大的波动，马厩的围栏非常牢固，"搞事情"的野马群——极地涡旋中的冷空气被牢牢控制在马厩里。但是，近年来由于全球气候变暖，赤道与北极的温差缩小，于是

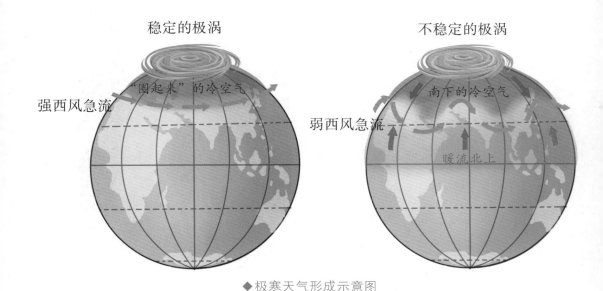

◆极寒天气形成示意图

西风急流出现了异常，围栏不再牢固，所以野马群屡屡冲破马厩，狂奔南下，使得中纬度甚至低纬度地区出现了极寒天气。

从上面的描述中，我们也可以解开一个疑惑：为什么全球气候变暖，反而会出现极寒天气？原因就是全球气候变暖导致了高空急流异常。

极寒天气有多冷

在唐僧师徒路阻通天河中，作者吴承恩不惜笔墨，多处写到了"极寒天气"的冷，其中有两处最为精彩。一处是刚开始降温下雪时，师徒四人都冷得睡不着，原著中这样写道："将近天晓，师徒们衾寒枕冷。八戒咳歌打战睡不得，叫道：'师兄，冷啊！'"皮粗肉厚的猪八戒都冷得受不了，可见当时的气温有多低。另一处是通天河被冻住后，猪八戒为了验证冰有多厚，举起九齿钉耙使劲去凿，结果冰面不但没有半点破损，反而把他的手震得生疼。

现实之中的极寒天气，和《西游记》里描写的情景可以说有过之而无不及。

◆ 被冻住的喷泉

◆ 泼水成冰

2010 年冬季，一场强寒潮袭击欧洲，丹麦首都哥本哈根街道上的喷泉全被冻住，变成了一座座奇异冰雕。而在德国的一个港口，近海的海面被冻住，令人惊奇的是，冰面下竟然有一大群鱼儿，它们呈往前游动的姿势。人们推测，这些鱼儿当时正在港口附近游动，猛烈而突然的降温使海水迅速冻结，导致它们来不及游回深海，便被牢牢冻在了海冰里。2014 年 1 月初，美国多地遭强寒潮袭击，狂风呼啸，一场接一场的暴雪从天而降，许多地方犹如灾难电影中的场景：被冻住的灯塔矗立在严寒中，俨然一根根大冰柱；一辆辆汽车覆盖着厚厚的积雪，被冻在路边无法动弹；一些房屋被厚厚的积雪掩埋，只露出一个小小的屋顶。

在中国，极寒天气也时有出现。2016 年 1 月，霸王级寒潮袭击中国，地处长江下游的南京市迎来了极寒天气，居民家中养的乌龟被冻在了厚厚的冰里，而室外的喷泉已不再喷涌，往日飘逸纷洒的水花竟然凝固，被冻成了冰瀑布。

出现极寒天气时应注意什么？

一是适当多吃些热量高、脂肪丰富的食品，其他如香菇、豆类等含铁、含碘丰富的食品以及蔬菜、水果、姜、辣椒等，也都有助于人们防寒。二是尽量减少外出，增强安全防范意识，及时消除门前积雪，防止积雪成冰，影响出行。三是必须外出时，应多穿一些衣服，防止滑倒摔伤。四是使用煤气、煤炉取暖的家庭，要注意保持室内通风，防止煤气中毒。

突如其来的诡异天气

——《三国演义》中的一次飑线过境

　　《三国演义》是中国第一部长篇章回体历史演义小说，描写了从东汉末年到西晋初年之间近一百年的历史风云。与《水浒传》《西游记》《红楼梦》相比，《三国演义》中涉及的气象知识和天气现象更多、更丰富。

　　小说第一回，便描写了一场雷雨大风天气，原著中写道：

　　　　建宁二年四月望日，帝御温德殿。方升座，殿角狂风骤起，只见一条大青蛇，从梁上飞将下来，蟠于椅上。帝惊倒，左右急救入宫，百官俱奔避。须臾，蛇不见了。忽然大雷大雨，加以冰雹，落到半夜方止，坏却房屋无数。

　　从小说的描述来看，这是一场突如其来的恶劣天气，加上从梁上飞下的大青蛇，更使得这场雷雨大风充满了神秘和诡异色彩。作者罗贯中这样写，有暗示汉朝气数将尽、天下必将大乱的用意。不过，在气象专家看来，这些现象是一种名为飑线的天气过境造成的。

飑线的定义

在气象上，飑线是指范围小、生命史短、气压和风发生突变的狭窄强对流天气带。它来临时，会出现风向突变、风力急增、气压猛升、气温骤降等天气现象，同时还常伴有雷电、暴雨、冰雹和龙卷风等剧烈的天气过程。

从上面的定义我们可以得出三点结论。第一，飑线是一种范围较小的强对流天气过程。据气象观测统计，飑线的强对流天气带通常长几十至几百千米，宽几十千米。从天气雷达图上看，它就像糖葫芦一样，串起一串雷暴或积雨云，看上去十分醒目。第二，飑线的生命史较短，一般只有几小时至十几小时，比起台风、寒潮等更大范围的天气过程来说，持续时间要短得多。第三，飑线是一种突然发生的天气过程，屋外刚刚还是艳阳高空、晴空万里的好天气，但转瞬之间，狂风大作，乌云从天边滚滚而来，紧接着电闪雷鸣，大雨骤降，有时还伴有冰雹和龙卷风，可以说令人望而生畏。

飑线的特征

飑线过境时，所经之地的风向风速、气压、气温、湿度等气象要素都会发生剧烈变化。下面，咱们一起来了解一下。

一是风的变化。飑线过境前，当地的风向一般为偏南风，风速常常是静风，空气十分闷热。但飑线来临时，风向很快急转为偏西或偏北风，可以说来了一个180度的大转变；风速也由静风一下增大到10多米每秒，有时甚至可增大到40米每秒，此时狂风劲吹，天昏地暗，令人恐惧。

二是气温的变化。飑线过境时，常会出现气温骤降的现象：弱的飑线过境，气温会下降3℃~5℃。而强的飑线出现时，气温可降10℃或以上，令人产生一种冷热两重天的感觉。

三是气压的变化。气压是作用在单位面积上的大气压力，飑线过境时，气压猛升，气压变化可达300帕以上，这种剧烈变化常会对人的身心产生一定影响。

四是湿度的变化。飑线出现时，气温骤降，使得空气中的水汽凝结速度加快，空气湿度迅速增大，而随着降雨的到来，相对湿度也会跟着增大。

以上各种气象要素的剧烈变化，再加上雷电、暴雨、冰雹等剧烈天气现象，使得飑线过境时，常常给人一种"世界末日"来临的感觉。

飑线的成因

那么，飑线是如何形成的呢？气象专家告诉我们，飑线是两个具有不同特征的气团碰撞形成的，最常见的是冷气团和暖气团相碰：从北方来的冷气团南下，像潮水一般向着暖气团控制的区域推进，而暖气团势力也很强大，当两者迎面碰上时，水火不容，激烈交锋，在它们的分界面就会形成剧烈天气，这条分界面就是飑线。

飑线是一种比较罕见的天气现象，一般发生在炎热季节的下午至晚上。发生之前，当地的天气往往比较晴好，气温较高，空气湿度较大，再加上风力微弱，风向杂乱，天气显得十分闷热。飑线过境时，常常会伴随雷暴、暴雨、冰雹等剧烈天气现象，不过这些伴随现象并非每次都会全部出现，有时只出现其中一种或几种，极个别情况下甚至一种都不会出现。气象专家指出，飑线前部的阵风非常猛烈，可以吹倒建筑物，损坏停机坪上的飞机，毁坏大面积庄稼等，所以，飑线是一种破坏力很强的恶劣天气。

汉灵帝为何被吓倒

接下来，咱们一起分析一下《三国演义》中罗贯中描写的天气。

第一，这场天气出现的时间是"建宁二年四月望日"。这里的"四月"系农历，"望日"指月圆那一天，通常指农历小月十五，大月十六，以此来算，"四月望日"约是公历的 5 月。这个时间通常已经进入立夏节气，天气开始变得炎热，这符合飑线"一般发生在炎热季节"的条件。

第二，"狂风骤起"这一现象，至少说明了两点：一是当时的风力很大，二是风刮得非常突然。这种狂风不但令人感到惊悚，就连动物也会觉得害怕，那条"从梁上飞将下来"的大青蛇，之前应该是躲在房梁上面，准备捕捉歇息的鸟雀等小动物，但骤然刮起的狂风令它猝不及防，一下掉落下来，恰好掉在了龙椅上。而汉灵帝内心本就因"狂风骤起"而感到惊悚，大青蛇的出现，使得这种惊悚被无限放大，所以便吓倒了。

第三，狂风之后，"忽然大雷大雨，加以冰雹"，这里的"忽然"一词，再次说明了天气的突发性，而大雷大雨和冰雹，可以说正是飑线的标配天气现象。

第四，书中写大雷大雨和冰雹"落到半夜方止"，尽管此前作者没有交代汉灵帝上朝的时间，不过，即使从上午开始计算，这场天气过程持续的时间也没有超过 20 小时，符合飑线"几小时至十几小时"的生命史。

第五，在狂风、大雨和冰雹的共同肆虐下，"坏却房屋无数"，可见这场剧烈天气造成的危害之大。

综上所述，罗贯中描写的这场突发诡异天气，正是强飑线过境造成的。这种天气由于在当地十分罕见，再加上古时的人们缺乏科学认识，所以被冠上了浓厚的迷信色彩。

飑线过境时应注意什么？

一是防风。飑线过境时风速极大，所以要尽量减少外出，如需外出应避免骑自行车、电瓶车，也不要在广告牌、临时搭建物附近逗留。二是防雷电。飑线过境往往伴随雷电和大雨，此时千万不要在楼顶或树下避雨，也不要在雨中奔跑，应就近寻找安全的地方躲避。三是防雹。下冰雹时应迅速躲进室内，如在空旷的地方，可用雨具或其他工具保护头部，并尽快转移到能够避险的地方。

巧借闻雷掩惊吓
——《三国演义》中的一次惊雷悚电

《三国演义》第二十一回，讲述曹操和刘备青梅煮酒，两人一边吃喝，一边谈论天下英雄。刘备列举了许多诸侯，都被曹操一一否决了，最后，曹操指着刘备和自己，说只有我俩才够得上英雄的称号，刘备一听吓坏了。原著中这样写道：

> 玄德闻言，吃了一惊，手中所执匙箸，不觉落于地下。时正值天雨将至，雷声大作。玄德乃从容俯首拾箸曰："一震之威，乃至于此。"操笑曰："丈夫亦畏雷乎？"玄德曰："圣人迅雷风烈必变，安得不畏？"将闻言失箸缘故，轻轻掩饰过了。操遂不疑玄德。

刘备听了曹操的话，之所以吓得匙箸都掉到了地上，主要原因有两个：一是担心曹操把他当英雄、当强劲对手，从而进行迫害；二是担心自己和董承等密谋之事为曹操所知。巧合的是，此时天空雷声大作，刘备于是借雷声把受惊吓失箸的事实掩盖了过去。不过，细心的读者可能会产生疑问：奸诈狡猾的曹操为什么会相信刘备的话？当时天空的雷声到底有多猛烈呢？

雷电是如何形成的

要弄清上面两个问题，就必须先来了解雷电的奥秘。气象学上，雷电是指伴有闪电和雷鸣的一种雄伟壮观而又有点令人生畏的放电现象。

气象专家告诉我们，雷电一般形成于积雨云中。积雨云是一种对流特别旺盛的云，云体浓厚庞大，云中凝聚着大量的冰晶和小水滴。随着冷空气急速下降和热空气急剧上升，这些冰

◆积雨云

雷雨云

云底负电荷和地面正
电荷彼此相吸

◆ 雷电形成示意图

晶和小水滴不停发生碰撞，在高速摩擦作用下产生了大量电荷。通常情况下，云的底层带负电荷，顶层带正电荷。因为正负电荷彼此相吸，在高空风的作用下，带不同电荷的云相遇在一起，便产生了瞬间放电现象。这种云与云之间发生的闪电叫作云闪，它一般不会对人类造成伤害。

在天上云产生电荷的同时，地面因为静电感应也积聚了大量正电荷，这样地面和积雨云之间就形成了强大的电场。云底负电荷和地面正电荷彼此相吸，迫不及待地想"结合"在一起，正电荷拼命奔向树木、山丘、高大建筑物的顶端甚至人体之上，而负电荷则从云底向下伸展，使劲向正电荷靠拢。当它们克服空气的障碍而连接上时，便出现了云向地面放电的现象，也就是云地闪。很多时候，造成重大灾害的就是云地闪，它放电时产生的能量十分惊人，瞬间电流可达几万至几十万安培，电压为 1 亿至 10 亿伏特。当强烈的电流在空气中通过时，不但会使沿途的空气突然膨胀，而且还会推挤周围空气，使空气产生猛烈震动，发出震耳欲聋的声音，这就是雷声。

雷电大家族

弄清了雷电生成的奥秘，咱们再来盘点一下雷电家族。气象专家根据雷电生成的气象条件和地形，将它们分成了三大类：热雷电、锋雷电和地形雷电。

热雷电是夏季经常发生的一种雷电，这种雷电号称霹雳雷：夏天午后，在火辣辣的阳光照射下，近地面空气迅速升温，形成热力对流，暖湿空气被托举到空中形成积雨云，于是便出现了打雷闪电的现象。热雷电生成的速度很快，出现时十分猛烈，并且常伴随两个厉害的伙伴——冰雹和暴雨，有时，甚至还会有龙卷风出现。不过，热雷电尽管脾气暴烈，发作起来很吓人，但也有两个让人稍感安慰的地方：第一，它持续的时间不长，来得快，去得也快，一般 1~2 小时后，随着天上的黑云逐渐散去，雷电便消逝得无影无踪；第二，雷电覆盖的范围不大，雷区长度通常不会超过几百千米，宽度不超过几十千米。

锋雷电，指强大的冷气流或暖气流入侵某地时，冷暖空气接触的锋面或其附近产生的雷电。锋雷电又可分为冷锋雷和暖锋雷。冷锋雷也叫寒潮雷，是北方强大冷气流由北向南入侵形成的，它通常与暴雨、大暴雨结伴而行，是雷电家族中脾气最暴烈、危害最大的一种雷电，覆盖的范围可达数百千米长、20~60千米宽。暖锋雷也叫热潮雷，是暖气流移动到冷空气地区后，慢慢爬到冷空气头上生成的，这种雷电"性格"比较温柔，很少发生强烈的雷雨。

　　地形雷电，一般多出现在空旷的地区，虽然"个头"不大，规模较小，但它出现频繁，因此也容易给人类带来灾害。

◆雷电中的城市

雷灾猛于虎

气象专家指出，雷鸣电闪的时候，瞬间电流可高达几万到几十万安培，电压可高达上亿伏特，瞬间就能使局部的空气温度升高数千摄氏度，空气压强高达数兆帕，因此，雷电具有极强的破坏力。

古今中外，雷击使人伤亡的事例屡见不鲜。据《金史·五行志》记载：天兴元年，九月辛丑夜，大雷，工部尚书蒲乃速震死。这可以说是北方地区历史上雷打死人的较早记载了。18 世纪的欧洲，有人认为雷鸣电闪时敲击教堂的钟，向上帝祈祷就可免遭雷击。结果，在 33 年中有 86 座教堂被雷击，103 名敲钟人被雷击死。

到了现代，随着社会经济的发展，雷电造成的灾害损失越来越大。据气象观测估计，全世界每秒会产生 600 次闪电，其中有 100 个炸雷会击落到地面。这些雷电会使建筑物、发电设备、通信设备等遭到破坏，同时引起火灾，毙伤人畜。据统计，全球每年雷电造成的经济损失高达 70 亿元，至少有 4000 人惨遭雷击。因此，在 20 世纪末联合国组织的国际减灾十年活动中，雷电灾害被列为最严重的十大自然灾害之一。

当时的雷声有多猛烈

现在，咱们回过头来分析《三国演义》中的这次雷电过程。

首先，从发生的时间来看，作者虽然没有直接点明这次雷电发生的季节，但从"梅子青青"的描述不难得出结论：此时正是芒种时节，因为农谚有"芒种至，梅子青青小麦黄"之说。芒种是夏季的第三个节气，这个时节的气候特点是气温显著升高、雨量充沛、空气湿度大，无论是南方还是北方，都有出现高温天气的可能。因此，从时间上来看，这次雷电应该是夏季午后形成的，这和热雷电的生成时间比较一致。

其次，从伴随的天气现象来看，雷电发生前后，不但出现了骤雨，而且还有"龙挂"相伴。"龙挂"也就是我们所说的龙卷风，这是一种从积雨云底部伸展下来的漏斗状云，看上去很像传说中的龙。曹操和刘备正是从观看"龙挂"，谈到了天下英雄。所以，从伴随的天气现象来看，这次雷电也很符合热雷电的特点。

最后，从持续的时间来看，这次雷电的时间比较短暂，一顿饭的工夫不到，大雨便停止了，雷电也消逝得无影无踪，这和热雷电"来得快，去得也快"的特点相吻合。

综上所述，曹操和刘备"煮酒论英雄"遭遇的这次雷电，正是夏季经常发生的热雷电。它生成的速度很快，强度十分猛烈。正因为如此，曹操才误以为刘备掉落手中的匙箸是受到了雷声惊吓，从而认定刘备胆小怕事，从思想上放松了警惕，这也为后来刘备出逃徐州、公开与曹操对抗奠定了基础。

雷电来临前要注意什么？

雷电来临前，气象部门一般会发布雷电预警信号。雷电预警信号分为三级，分别以黄色、橙色、红色表示，当我们接收到雷电预警信号时，一定要做好防御准备。

黄色预警信号。发布标准：6小时内可能发生雷电活动，可能会造成雷电灾害事故。收到黄色预警信号后应当尽量避免户外活动。

橙色预警信号。发布标准：2小时内发生雷电活动的可能性很大，或者已经受雷电活动影响，且可能持续出现雷电灾害事故的可能性比较大。收到橙色预警信号后应当留在室内，关好门窗，并切断电源；如果在户外应当躲入有防雷设施的建筑物或者汽车内，不要在树下、电杆下、塔吊下避雨；在空旷场地不要打伞，不要把农具、羽毛球拍、高尔夫球杆等扛在肩上。

红色预警信号。发布标准：2小时内发生雷电活动的可能性非常大，或者已经有强烈的雷电活动发生，且可能持续，出现雷电灾害事故的可能性非常大。收到红色预警信号后，应尽量躲入有防雷设施的建筑物或者汽车内，并关好门窗；切勿接触天线、水管、铁丝网、金属门窗、建筑物外墙，远离电线等带电设备和其他类似金属装置；尽量不要使用无防雷装置或防雷装置不完备的电视、电话等。

诸葛亮预测大雾的秘诀

——从《三国演义》草船借箭谈雾的成因

    《三国演义》第四十六回，讲述周瑜欲加害诸葛亮，要求他十日内监造十万支箭，没想到诸葛亮不但没有拒绝，反而主动将期限缩减为三日。第一天、第二天诸葛亮都没有动静，第三天四更时分他叫上鲁肃，带领几百士兵，驾二十只草船向北岸曹军水寨进发。这天晚上大雾漫天，长江上的雾气更加浓郁，曹军因为看不清来船情况，只能一起用箭乱射。借助大雾掩护，诸葛亮不费吹灰之力，轻而易举获得了十万支箭。

    全程参与了"草船借箭"的鲁肃既惊讶又佩服，书中写道："肃曰：'先生真神人也！何以知今日如此大雾？'孔明曰：'为将而不通天文，不识地利，不知奇门，不晓阴阳，不看阵图，不明兵势，是庸才也。亮于三日前已算定今日有大雾，因此敢任三日之限……'"

    看到这里，相信读者们心中都会涌起疑问：当地为何会出现弥天大雾？诸葛亮预测大雾的秘诀又是什么呢？

雾的定义

咱们先来了解一下雾的相关知识。气象学家给雾下的定义是：在水汽充足、微风及大气稳定的情况下，相对湿度达到100%时，空气中的水汽凝结成细微的水滴悬浮于空中，使水平能见度下降，这种天气现象称为雾。

一般情况下，雾的水平能见度低于1千米；当雾气较轻微，水平能见度大于等于1千米小于10千米时，称为轻雾，这种雾对交通的影响一般比较小；当雾气十分浓重、水平能见度大于等于500米小于1千米时，称为大雾；当水平能见度大于等于200米小于500米时，称为浓雾，这种雾会对陆上或海上的交通造成影响，所以浓雾出现，气象部门会发布"浓雾特报"，提醒人们注意交通安全；当能见度大于等于50米小于200米时，称为强浓雾；当能见度小于50米时，称为特强浓雾，这是雾的最高级别，气象部门会提前发布红色预警，接到警报后，机场会暂停飞机起降，高速公路会暂时封闭，轮渡也会暂时停航。

等级	水平能见度（V）
轻雾	1千米 ≤ V < 10千米
大雾	500米 ≤ V < 1千米
浓雾	200米 ≤ V < 500米
强浓雾	50米 ≤ V < 200米
特强浓雾	V < 50米

◆大雾弥漫

　　根据《三国演义》中的描述，这天晚上"大雾漫天，长江之中，雾气更甚，对面不相见"，"对面不相见"说明当时的能见度在 50 米以下，这种雾属于特强浓雾，能见度极差，难怪曹军不敢轻举妄动，只能在岸上远远射箭。

雾为何多在夜间形成

　　接着，咱们再来了解一下雾的成因。如果你注意观察，就会发现雾一般是在夜间形成，而白天在阳光的照射下，雾不但不会形成，反而会迅速消散，这是为什么呢？

　　原来，要形成雾，空气中必须得有很多很多的水汽，也就是要达到饱和状态。而空气中的水汽是否饱和，和温度关系十分密切：温度越高，空气中所能容纳的水汽就越多，温度越低，空气中所能容纳的水汽就越少。据测定，气温 20℃时，1 立方米空气可以容纳 17.30 克水汽量，而气温 4℃时，1 立方米空气最多只能容纳 6.36 克水汽量。这就是说，气温从 20℃降至 4℃，就会有大约 11 克水汽凝结出来，这些水汽与空气中微小的灰尘颗粒结合在一起，形成很多小水滴，它们悬浮在近地面的空气层里，这就是雾。

由于白天温度较高，空气中可容纳较多的水汽，所以雾不但不会形成，反而会迅速消散；到了夜间，随着气温的下降，空气容纳水汽的能力降低，一部分多余的水汽就会凝结成为雾。气象专家指出，这种情况在秋冬季节尤其明显。秋冬季节夜晚时间长，并且常出现天空无云、无风或风力较小的天气，这样地表散热比夏天快许多，一般后半夜到早晨，气温达到最低，近地面空气中的水汽因达到过饱和而凝结形成雾。"草船借箭"中的大雾在夜间生成，也是由于这种原理。

雾的种类

雾族是一个兴旺的大家族，有辐射雾、平流雾、蒸发雾、上坡雾、平流辐射雾、混合雾、烟雾、冰雾、谷雾等成员。其中，我们经常见到的是辐射雾和平流雾。

辐射雾多出现在晴朗、微风、近地面水汽比较充沛的夜间和清晨。它的形成和热量辐射有关：太阳落山之后，白天地面吸收的太阳热量会很快辐射到空气中，如果空中有云层阻挡，大部分热量会反射回地面，这样地面便不会变得很冷，也就不会有雾生成；但如果天空中没有云或云很少，地面的大部分热量都会辐射出去，地面温度大幅降低，导

◆辐射雾

致近地层的潮湿空气因冷却而达到过饱和，从而形成无数悬浮于空气中的小水滴，这就是辐射雾。这种雾的厚度可达几十米到几百米，水平范围并不大，且常呈零星分布。不过，有时在平原上，孤立的辐射雾们常会"联合"起来，形成白茫茫一大片，对城市交通、高速交通、机场航班起降、水路航运等造成较大影响。

天空中没有云或云很少，使地面温度大幅降低，形成辐射雾

夜晚山坡上的冷风加剧了山谷里的空气冷却

◆辐射雾的形成

　　平流雾，是暖而湿的空气流到较冷的地面（或水面）上，逐渐冷却降温而形成的雾。与辐射雾不同的是，平流雾在一天之中任何时候都可出现，并且必须借助适当的风向和风速才能生成，若风一直持续，雾就会长久不散，所以有时海上生成的平流雾可以持续好几天。平流雾长得比辐射雾"高大肥胖"：它的垂直厚度可从几十米至两千米，水平范围可超过数百千米，并且强度也比辐射雾大得多。

◆平流雾

弥天大雾的成因

　　那么，"草船借箭"中的大雾，到底属于雾族中的哪种类型呢？下面，咱们一起来分析这场大雾的成因。

　　首先，来看看曹操大军驻扎的地点——赤壁一带的地形。赤壁隶属今天的湖北省，位于长江中游南岸，它的西面是大巴山，南面是九连山脉，东北是大别山。从整体来看，赤壁一带为盆地中的平原地区，这里地形闭塞，风力较小，十分有利于雾的形成。

　　其次，从天气气候来分析。赤壁所在的地区属热带海洋性季风气候，特征是温暖湿润，雨量充沛，四季分明。冬季，这里基本上刮西北风，气温较低，天气相对较冷。不过，每年冬季总会出现一两次刮东南风的天气——这种天气持续时间不会太长，一般也就两三天。每当西北风转换成东南风时，当地不但会出现短暂回暖现象，而且东南风还会带来大量暖湿空气，从而为雾的形成奠定了良好基础。

　　有了"地利"和"天时"，那么大雾是怎么生成的呢？从成因来看，赤壁一带的大雾和平流雾十分相似：东南风携带的暖湿空气流到较冷的地面上时，由于冷却降温形成大雾；又由于江水的温度比地表更低，长江上形成的雾气更浓。

◆江上生成的平流雾

　　而诸葛亮之所以能预测大雾，秘诀有两个：第一，诸葛亮对这里的地形和气候十分熟悉；第二，诸葛亮通晓天文地理，再加上天资聪颖，能够根据天气的不同变化，凭借丰富经验进行分析判断，所以对这场大雾做出了准确预测。

大雾天出行应注意什么？

　　一是要关注天气预报，根据天气预报合理地安排出行时间和路线，尽量避免在大雾天出行。二是骑自行车或电瓶车时要减速慢行，穿越马路时要格外当心。三是乘车或乘船时，不要争先恐后，遇渡轮停航时，不要拥挤在渡口处。

一场不寻常的华西秋雨

——解析《三国演义》中的陈仓秋雨天气

　　《三国演义》第九十九回，讲述曹真、司马懿统率四十万大军征讨蜀国，不料在陈仓地区遭遇秋雨天气，大雨整整下了一个月，魏兵苦不堪言。原著中这样写道："未及半月，天雨大降，淋漓不止。陈仓城外，平地水深三尺，军器尽湿，人不得睡，昼夜不安。大雨连降三十日，马无草料，死者无数，军士怨声不绝。"

　　对这场持续时间很长的秋雨，诸葛亮通过夜观天文，早早做出了准确预测，令蜀军预备了足够一月的干柴、草料和细粮。而司马懿也通过夜观天文，算定月内必有大雨，因此没敢深入蜀地，避免了重大损失。

　　看了这回小说，读者心里可能会有这样的疑惑：这场大雨为何会持续一个月之久？诸葛亮和司马懿是怎么预测出秋雨天气的呢？

什么是华西秋雨

在解答上述两个问题之前，咱们先来了解一个气象学名词：华西秋雨。

华西秋雨，指我国华西地区秋季多雨的一种特殊天气现象，降雨时段主要在 9 月和 10 月，其范围包括四川、重庆、贵州、云南、甘肃东部和南部、陕西关中和陕南及湖南西部、湖北西部等地。

华西秋雨的降水量一般多于春季，仅次于夏季，它有两个显著特征。第一，雨日多。以四川盆地为例，秋季平均每月的降雨天数在 13~20 天，即平均每三天就有一天半到两天有雨，有的年份降雨持续时间甚至长达一个月之久，较同时期我国其他地区降雨明显要多。第二，以绵绵细雨为主。秋雨的雨日虽然很多，雨量却不大，比如四川盆地的秋季降水就以小雨为主，是典型的绵绵秋雨。因为阴雨多、日照少，所以唐代文学家柳宗元曾用"恒雨少日，日出则犬吠"来形容这种气候特色，后来演变成了著名的成语"蜀犬吠日"，用来比喻少见多怪。

那么，陈仓地区的秋雨会不会是华西秋雨呢？

陈仓降雨是华西秋雨吗

首先，咱们来看看陈仓降雨发生的时间。根据《三国演义》的描述，可以推测出这场雨发生的时间大致是公历 8 月下旬。因为魏都督曹真上表伐蜀的时间是"建兴八年秋七月"，这里的"七月"是农历时间，换算成公历约是 8 月初，此时已经入秋，所以叫作"秋七月"。魏主先是同意了曹真的请求，然后又征求了刘晔和司马懿的意见，最后才派三人率领大军出征。魏军到达陈仓，在城中搭起窝铺驻扎，又过了将近半月，大雨才开始降临，所以推算前后时间，就不难得出这场雨开始的时间是 8 月下旬左右。

其次，让我们来了解一下陈仓地区的地理和气候特征。三国时期的陈仓，即今天陕西省宝鸡市的陈仓区，该区地处秦岭山地、关中平原和黄土高原过渡区，地形以山地为主，其南、北、西三面都是山脉，只有中部低凹部分向东敞开，这样的地形有点类似盆地。从气候背景来看，陈仓属中纬度大陆季风区域暖温带半湿润、半干旱气候，由于深处内陆，水汽条件不太充分，年平均降水量只有 647.1 毫米。不过，陈仓降水量虽然不多，但年平均降雨日数却高达 100 天，最多时甚至达 126 天，也就是说，这里的降雨大多以绵绵细雨为主。而从降雨的时空分布来看，陈仓降雨主要集中在每年的 5 月至 10 月，尤以 8 月最多，特别是秋季降雨较多，常会出现秋淫雨。

综上所述，我们不难得出结论：陈仓地区这场持续一月之久的降雨，就是令人烦恼的华西秋雨天气。

华西秋雨的成因

不过，你可能会提出疑问：华西秋雨的特征是以绵绵细雨为主，但书中描写的陈仓秋雨却以大雨为主，而从陈仓城中"平地水深三尺"，以及战马缺乏草料饿死无数等情况来看，这场秋雨的降水量应该很大，这到底是怎么回事呢？

要解答这个问题，就必须弄清华西秋雨的成因。气象专家告诉我们，华西秋雨是冷暖空气相互作用形成的。每年进入9月后，在亚洲5500米的上空，会形成两个特别庞大的天气系统——西北太平洋副热带高压和伊朗高压，它们一个在东面，一个在西面，就像两座隆起的高山，而华西地区，恰好处于两座"高山"之间的低气压区内。这个低气压区由于"地势"很低，四周的空气都会涌进来，其中就有来自南海和印度洋的暖

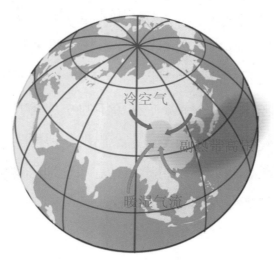

◆华西秋雨形成示意图

湿空气，它们源源不断地流过来，使得华西地区的水汽十分丰沛。与此同时，冷空气也从青藏高原北侧不断移来，或者从我国东部地区向华西地区倒灌，这样冷暖空气在该地区频繁交汇，便形成了长时间的秋雨天气。

气象专家指出，正常年份里秋季的冷空气势力比较弱，形成的秋雨强度都不大，一般以绵绵细雨为主。但如果遇到天气异常年份，冷空气势力较强时，冷暖空气交汇比较激烈，降水强度就会随之加大，此时便可能出现大雨甚至暴雨天气，从而造成严重的洪涝灾害。

诸葛亮和司马懿的博弈

从华西秋雨的成因，我们可以得出结论：陈仓这一年的天气出现了异常，由于冷空气较强，秋雨也由过去的绵绵细雨变成了大雨。这种异常在后来的年份里也出现过，如 2011 年，陈仓的秋雨便比往年大得多，年降水量也由常年的 647.1 毫米，猛然增加到了 985.6 毫米。

现在回头来看，诸葛亮和司马懿之所以能预测这场大雨，应该与他们对当地天气气候的熟悉密不可分。两人都是很厉害的军事家，天文地理无所不晓，在统领大军作战之前，肯定会事先对陈仓地区的地理地形、天气气候等进行摸底。也就是说，他们都对陈仓秋季会出现长时间降雨这一天气特征相当了解，而两人夜观天象，"见毕星躔（chán）于太阴之分"，其实这是一种冷空气来临的征兆。

不过，两人虽然都准确预测了这场秋雨，但诸葛亮显然技高一筹，他算出大雨会持续一月，而司马懿并没有算出大雨的持续时间。之所以如此，与诸葛亮长期在陈仓一带作战有关，正因为他更熟悉当地的地理状况和天气状况，所以对天气的预测也就比司马懿更准了。

秋雨天气应注意什么？

一是注意保暖。华西秋雨雨日多，阴雨天气导致气温下降，所以要适时增添衣服，早晚外出要注意保暖。二是防止细菌聚集。秋雨连绵，非常适合细菌滋生，所以应多开窗通风，防止细菌聚集在室内。三是注意调整心情。长时间的阴雨连绵天气，见不着阳光，人的心情会变得较差，所以要注意调整心情，多看看书、听听音乐等。四是注意安全。长时间下雨，会导致山区发生泥石流、山体滑坡等灾害，所以到山区时一定要注意安全。

何期骤雨降青霄

——解读《三国演义》上方谷的骤雨天气

　　《三国演义》第一百零三回，讲述诸葛亮设计，将司马懿父子和魏兵诱导进上方谷，之后蜀军从山上丢下火把烧断谷口，并用火箭引燃干柴和地雷，一时间大火冲天，眼看就要把司马懿父子烧死在谷内，不料天降骤雨，将熊熊大火全部浇灭。原著中这样写道：

> 　　山上火箭射下，地雷一齐突出，草房内干柴都着，刮刮杂杂，火势冲天。司马懿惊得手足无措，乃下马抱二子大哭曰："我父子三人皆死于此处矣！"正哭之间，忽然狂风大作，黑气漫空，一声霹雳响处，骤雨倾盆。满谷之火，尽皆浇灭：地雷不震，火器无功。

　　这场突如其来的骤雨，可以说让一只脚已迈进鬼门关的司马懿父子又活转了过来，诸葛亮对此也颇感无奈，不得不叹息

了一声："'谋事在人，成事在天。'不可强也！"

　　那么，上方谷为什么会降下这场骤雨？一向神机妙算的诸葛亮又为何没有算准这场大雨天气呢？

骤雨是一种什么雨

　　骤雨，按汉语词语解释为"忽然降落的大雨"，这种雨持续时间一般不长，但往往下得很急、很突然，有时候雨量还比较大，令人措手不及。不过，在气象学上，并没有"骤雨"这一说法。从上方谷出现的天气现象来看，这种骤雨和气象学上所说的"雷阵雨"倒是十分吻合。

　　雷阵雨是一种伴有雷电的阵雨现象，它有三个显著特点。第一，产生于积雨云下。积雨云也就是我们常说的乌云，其云体浓厚而又庞大，远看像耸立的高山，云底阴暗混乱，起伏明显，有时呈悬球状结构。这种云常产生雷暴、阵雨（雪），有时还会产生飑线或冰雹。第二，伴随狂风出现。雷阵雨来临前，往往会出现狂风，紧接着闪电频现，雷声隆隆，大雨倾盆。第三，降雨强度大。雷阵雨表现为大规模的云层运动，比阵雨要剧烈得多，降水强度也更大，有时产生的持续且强烈的雷雨，往往可达暴雨的程度。

　　上方谷在骤雨降临之前，先是狂风大作，黑气漫空——这里的"黑气"即乌云，因为在火光照射之下，混乱的云底看起来像黑气在奔涌。紧接着，一声霹雳响处，骤雨倾盆。"霹雳"

是云与地面之间发生的强烈雷电现象，这里作者不说雷声，而说霹雳，表明当时的雷电十分猛烈，而"骤雨倾盆"，在短时间内便将满谷大火全部浇灭，说明雨的强度特别大，很可能达到了暴雨级别。

综合以上分析，上方谷中的骤雨正是雷阵雨天气。

雷阵雨是如何形成的

雷阵雨天气常出现在夏季，它的形成和阳光照射有直接关系。夏天，在火辣辣的阳光照射下，地面上的水分蒸发非常旺盛，近地层的空气因此积攒了大量水汽。在热力作用下，这些又暖又湿的空气不停地上升，当它们升到一定的高度时，由于冷却降温作用，一部分水汽就会凝结形成小水滴，这就是积雨云。

积雨云内部就像一大锅沸腾的开水，在这里，成千上万的小水滴不断碰撞，合并成较大的小水滴下落。可是，下面的热空气却一个劲儿往上冲，这样，上升气流和下降气流之间便产生了强烈摩擦。由于摩擦起电原理，双方都带上了电荷：上升气流带正电荷，下落的水滴带负电荷。随着时间推移，云顶积累了大量正电荷，云底则积累了许多负电荷，而地面因受积雨云底部负电荷的感应，也带上了正电荷。当云底的负电荷和地面正电荷连接在一起时，雷电便产生了。在雷电产生的同时，云中水滴的碰撞合并也在继续进行，当水滴增大到上升气流无

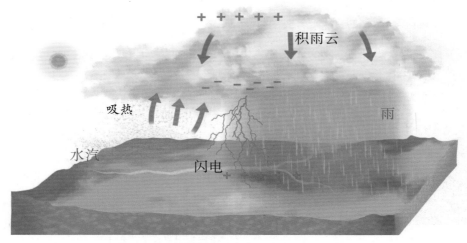

◆雷阵雨形成示意图

（图中标注）积雨云　吸热　雨　水汽　闪电

法托住时，就会从云中掉下来形成雨，这就是雷阵雨的形成过程。

不过，上方谷是一个特殊的山谷，由于地形原因，那里雷阵雨的形成过程会更复杂一些。

上方谷的雷阵雨成因

那么，上方谷的雷阵雨是如何形成的呢？

首先，咱们来分析一下上方谷的地形地貌。上方谷是诸葛亮踏看地形时偶然发现的一个山谷，因为形状像葫芦，所以当地人又称其为葫芦谷。从书中的描述来看，上方谷是两山合围的一个山谷，谷内可容千余人，说明里面比较开阔，不过，谷底却十分狭窄，只可通一人一骑。这种相对闭塞的地形地貌，十分有利于水汽聚集和热力作用的形成。

◆山谷中的雷阵雨

其次，来看看时间。这场雷阵雨发生的时间是农历六月，时值盛夏，天气炎热，白天在太阳照射下，山坡受热，空气升温快，空气密度变小，但山谷上方同高度的空气升温较慢，空气密度仍较大，所以空气自山谷沿山坡上升，形成谷风。与此同时，在强烈的阳光照射下，谷内水分蒸发旺盛，近地面空气积攒了许多水汽，它们在谷风的吹送下，被托举到高处，并在冷却作用下凝结形成小水滴，小水滴碰撞并增长降下来，再加上云中气流的摩擦，于是雷阵雨便形成了。

从上面的分析可以看出，上方谷的雷阵雨和谷风关系十分密切，因为谷风的上升运动，暖湿空气才能被输送到空中变成降雨，而这种谷风又和上方谷的地形密切相关。所以，从根本上来说，是上方谷的地形地貌造就了这场雷阵雨。

诸葛亮为何失算

除了上方谷的地形地貌，还有一个关键因素促成了这场雷阵雨，那就是谷内熊熊燃烧的大火。

气象专家分析，大火有两个方面的作用。一是使谷内的水分蒸发更加旺盛。根据书中描述，上方谷并不是一个光秃秃的山谷，里面的山坡上应该长满了植物，在大火的燃烧和炙烤下，植物体内的水分蒸腾出来，变成水汽上升到空中，为雷阵雨的形成奠定了基础。二是大火使近地面的空气变热，热空气由于密度小，质量轻，会迅速上升，大大增强了山谷内的热力对流，使得积雨云中的气流摩擦加剧，从而加快了雷阵雨的生成速度。可以说，没有这场大火，上方谷内的雷阵雨不会如此强烈，甚至有可能因水汽补给不足而不会降下来。

诸葛亮之所以失算，最主要的原因是对这种葫芦形山谷的降雨机制认识不足，特别是大火助力雷阵雨这一降雨机制，对擅长火攻的他来说，还是第一次遇到。正因为诸葛亮的失算，才让司马懿父子逃出山谷。

雷阵雨天气应注意什么？

一是不要停留在高楼平台上，同时应注意不要靠近建筑物外露的水管、煤气管等金属物体及电力设备。二是在户外遭遇雷雨，不要在大树下躲避，也不要进入孤立的棚屋、岗亭等。三是在户外躲避雷雨时，应双手抱膝，胸口紧贴膝盖，尽量低下头，因为头部较身体其他部位更易遭到雷击。四是在户外看见闪电几秒内就听见雷声时，说明正处于近雷暴的危险环境，此时应停止行走，两脚并拢并立即下蹲，不要与人拉在一起，最好使用塑料雨具、雨衣等。

都是高温惹的祸

——《封神演义》中哪吒闹海的缘由

《封神演义》是成书于明代的一部神魔小说，以姜子牙辅周讨伐商纣的历史为背景，描写了神仙们斗智斗勇、斩将封神的故事。其中有一出哪吒闹海，可以说家喻户晓，人人皆知。

《封神演义》第十二回，讲述哪吒和家将一起去关外闲玩，两人在树荫下纳凉时，哪吒看见旁边的小河清波滚滚，绿水滔滔，于是动了洗澡的念头。原著中这样写道：

> 哪吒立起身来，走到河边，叫家将："我方才走出关来，热极了，一身是汗。如今且在石上洗一个澡。"家将曰："公子仔细，只怕老爷回来，可早些回去。"哪吒曰："不妨。"脱了衣裳，坐在石上，把七尺混天绫放在水里，蘸水洗澡。不知这河是九湾河，乃东海口上。哪吒将此宝放在水中，把水俱映红了。摆一摆，江河晃动；摇一摇，

乾坤动撼。那哪吒洗澡，不觉那水晶宫已晃的乱响。

哪吒这一洗澡，便引出了打死巡海夜叉和龙王三太子、大闹东海等一系列精彩故事。可以说，这次洗澡正是哪吒闹海的缘由，不过追根溯源，真正的祸首却是炎热难耐的高温天气。

高温天气的定义

气象学上，一般把气温在35℃以上的天气称为高温天气，如果连续几天最高气温都超过了35℃，那么便可以称作高温热浪天气。气象专家告诉我们，高温天气有两种情况：一种是气温高而湿度小的干热性高温，这种天气主要出现在我国的北方地区，因为湿度小、水汽压低，所以天气除了干热外，一般不会觉得闷；另一种是气温高、湿度大的闷热性高温，这种天气主要出现在河湖较多的南方地区，由于空气湿度大、水汽压高，所以天气又闷又热，被人们形象地称为"桑拿天"。

有专家考证，《封神演义》中的陈塘关位于今天的天津市河西区陈塘庄一带。这里虽然属北方地区，但由于濒临大海，空气潮湿，因此当地的高温也属于闷热性高温。难怪哪吒同家将出关，仅走了一里多路，哪吒便汗流满面，热得不肯往前走了。

高温天气的成因

高温天气是如何形成的呢？气象专家通过研究，认为中高纬度地区出现的高温热浪，是由于热带洋面上生成的暖气团向北输送造成的。以中国为例，尽管造成中国持续高温天气的原因很复杂，但副热带高压系统无疑是高温天气持续出现的直接原因。

副热带高压简称"副高"，这是一个全球性的暖性高压带，它位于地球南北纬30度到35度地区内，对中、高纬度地区和低纬度地区之间的水汽、热量、能量的输送和平衡起着重要的作用。也就是说，低纬度地区洋面上产生的大量热能和水汽，都是通过它送往中、高纬度地区的。从本质上说，副高还是一个做好事的"红娘"哩！不过，有时副高在完成"红娘"的角色后，赖着迟迟不走，从而使中、高纬度地区出现持续性的晴热高温天气，并造成该地区干旱。例如，2006年四川和重庆出现的百年一遇的特大干旱，罪魁祸首便是副高。这一年，副高不请自来，它的"脑袋"从太平洋一直伸到了重庆和川东上空，并赖在那里久久不肯离去。在它的强大统治下，"雨神"竟不肯降下半滴甘霖。所以说，副高如果出现异常，长期在一个地方待着不动，高温热浪天气就会降临。

陈塘关所在的天津地区，夏季正受太平洋副热带暖高压控制，这个时候当地以偏南风为主，气温高、湿度大，所以闷热天气常常不请自来，令人苦不堪言。

当时的天气有多热

那么，陈塘关当时的天气有多热呢？

原著中这样写道：哪吒同家将出得关来，正是五月天气，也就着实炎热。小说中的"五月"是农历，换算成公历约是6月，这个月份正是夏至时节。夏至是盛夏的起点，夏至节气后，离"入伏"也就不远了，气温高、湿度大、不时出现雷阵雨，是此时的天气特点。

陈塘关当时的天气十分炎热，在此，作者用了一首诗来形容："太阳真火炼尘埃，绿柳娇禾欲化灰。行旅畏威慵举步，佳人怕热懒登台。凉亭有暑如烟燎，水阁无风似火埋。慢道荷香来曲院，轻雷细雨始开怀。"诗中，"太阳真火炼尘埃，绿柳娇禾欲化灰"两句，形容太阳光照十分强烈，就像大火炙烤一般，似乎要把柳树和禾苗化成灰；"行旅畏威慵举步，佳人怕热懒登台"，是说在高温天气下，旅客不敢在路上行走，室内的人们也不敢出门；而"凉亭有暑如烟燎，水阁无风似火埋"，则是说外面纳凉的亭子和水阁热得像被火烧着了一样。

依据上面这首诗，可以想象当时的天气有多热。

都是高温惹的祸

专家指出，高温热浪天气主要有以下危害：一是高温热浪天气使人体不能适应环境，从而引发中暑、肠道疾病或心脑血管疾病等，严重者甚至会导致死亡；二是高温热浪天气会影响植物的生长发育，导致农作物减产；三是高温热浪天气会加剧干旱的发生发展，使用水量、用电量急剧上升，给人们生活、生产带来很大影响。另外，高温热浪天气还易产生中毒、火灾等事件。

在《封神演义》中，哪吒先是因为天气炎热，心情烦躁，所以求告母亲允许他出关闲玩。而在出关的路上，由于天热难行，哪吒只得和家将一起到树荫下避暑，紧接着又下河洗澡，晃动了水晶宫，从而引出了大闹东海的故事。所以说，这一切都是高温天气惹的祸。

中暑后怎么处理？

一是必须使患者马上脱离高温、高热的环境，将其转移到通风透气的凉爽环境中。二是患者应多喝水补充水分，可在水里加口服补液盐，在补充水分的同时，也能够补充葡萄糖、钠离子、钾离子，从而治疗出汗过多导致的体内电解质失衡。三是患者可口服中成类的药物，缓解中暑之后出现的头晕、恶心、呕吐、低热等症状。四是如果患者出现发热症状，可用温水擦浴等方法进行退热。五是如果患者出现重度中暑症状，昏迷、抽搐、高热不退，必须马上送医院进行抢救。

揭开龙卷风的面纱

——《聊斋志异》中的"龙取水"真相

　　《聊斋志异》是中国清朝小说家蒲松龄创作的文言短篇小说集，题材广泛，内容丰富，具有极高的艺术成就。

　　原著中有一则故事《龙取水》，讲述一个叫徐东痴的人乘舟夜游，船在江岸边停下后，看见一条青龙从空中垂下来，龙尾搅动江水，瞬间波涛汹涌，江水随着龙身腾空而起，在月光照耀下，就像一条镶了水钻的白围巾，硕大无比。不多时，龙尾收了回去，江水瞬间恢复了平静。不一会儿，大雨倾盆而下，把附近的沟壑都填平了。

　　这则故事，和民间传说中的龙王降雨有异曲同工之妙：据说天要下雨的时候，龙王就会到江湖里取水，然后将取得的水从天上洒下来，这就是我们平常见到的雨。不过，不管是蒲松龄笔下的"龙取水"，还是民间传说中的龙王降雨，都是古人的一种想象。气象专家告诉我们，"龙取水"其实是一种气象现象，它就是令人望而生畏的龙卷风。

下沉气流

上升气流

◆龙卷风形成原理示意图

什么是龙卷风

龙卷风是一类局地尺度的剧烈天气现象，指发生于直展云系底部和下垫面之间的直立空管状旋转气流。从这个定义，我们可以归纳出三个特征。第一，龙卷风发生于直展云系底部和下垫面之间。所谓直展云，是指垂直发展旺盛的对流云体，其云底处于低云高度，而云顶则达到高云的高度，直展云包括积云和积雨云。通常情况下，发生龙卷风的云是积雨云，这种云浓厚庞大，垂直发展旺盛，常伴有雷阵雨。第二，龙卷风是一种直立的空管状旋转气流，也就是说，它是一种气流旋涡，内部是空心的，就像一根顶天立地的大管子。第三，龙卷风是局地尺度的剧烈天气现象，"局地尺度"说明其范围较小，持续时间不长。实际上，龙卷风的直径小于 2 千米，活动范围在 0~25 千米不等，持续时间只有 10 分钟左右，与其他天气现象相比，算得上是"短命鬼"。

从外形看，龙卷风是从积雨云底部垂下的一根狭长的漏斗云，它的一头隐没在云中，另一头下垂到地面，看上去就像中国神话传说中的龙。当它经过河面时，常常将河水吸到空中，远远看上去，仿佛龙在吸水一般，所以被人们称为"龙取水"。

龙卷风的成因

龙卷风是如何形成的呢？气象专家告诉我们，龙卷风通常诞生于恶劣的天气环境中，它的母体是一团发展得十分旺盛的积雨云。由于内部温度高、湿度大，因此云团内的上升气流十分旺盛，水汽分子争先恐后地向上窜，形成像开水沸腾一样的情景。龙卷风的雏形就是在这样的环境中形成的。

在母体积雨云的"子宫"内，雏形不断吸收云团内部的营养，使自己快速发育，不停长大，如果不出意外，它很可能会形成冰雹、暴雨倾泻到地面。然而，气流在急速上升的过程中，遇到了一股强烈的水平方向吹来的高空风，在风速和风向切变的作用下，上升气流就像水流漩涡一样，竟然旋转起来。在气流的不停旋转中，龙卷风雏形的手和脚逐渐成形，它的手不停向天空伸长，而脚则不断向地面接近……终于，龙卷风诞生了。

龙卷风一出生，便成长得十分迅速，它不停地转啊转，把周围那些正在成长的涡旋吃掉，以增加自己的营养。渐渐地，它的身体变得像漏斗一般，而脚也接触到了地表。由于地面上的气压急剧下降，风速却急剧上升，所以龙卷风具有强大无比的破坏力，它所经过的地方，往往一片狼藉。

龙卷风家族

龙卷风一般出现在热带和温带地区，包括美洲内陆、澳大利亚西部、印度半岛东北部等地，其中美国出现龙卷风最多。据统计，全世界每年会产生1000~1500个龙卷风，其中有一半在美国，难怪人们把美国称为"龙卷之乡"。在中国龙卷风主要发生在华南和华东地区，另外，南海的西沙群岛上也经常出现龙卷风。

龙卷风家族有三个兄弟，即多旋涡龙卷风、水龙卷和陆龙卷。

老大多旋涡龙卷风，顾名思义，这是带有两股以上围绕同

◆多旋涡龙卷风

一个中心旋转的龙卷风。一般情况下，最大的一个旋涡是主龙卷风，不过，那些小旋涡在主龙卷风经过的地区往往也会造成很大破坏。

老二水龙卷，也叫海龙卷，是指产生在海面或水面的龙卷风，世界各地的海洋和湖泊都可能出现水龙卷。它们的破坏性虽然比最强大的大草原龙卷风小，但是也相当危险，因为它们能吹翻小船，毁坏船只，而当它们从水上跑到陆地时破坏性更强，很可能会夺去人的生命。在《龙取水》中，徐东痴看到的"青龙"，便是水龙卷。

◆水龙卷

老三陆龙卷，是指在陆地上形成的龙卷风。陆龙卷和水龙卷有一些相同的特点，比如强度相对较小、持续时间短、冷凝

◆陆龙卷

形成的漏斗云较小且经常不接触地面等。不过，它们虽然强度相对较小，但依然会带来强风和严重破坏。

龙卷风的力量

由于龙卷风中心附近的风速（100~200米／秒）极大，所以这家伙力大无比，破坏性极强，它不但可以把大量江水或海水吸到空中，而且还会拔起大树、掀翻车辆、摧毁建筑物，甚至把人吸走。1879年，美国某地曾经出现过一个直径数百米的龙卷风，它横冲直撞，将无数民房化为废墟，并将铁轨扭成一团一团的麻花，最后，它从一座新建的铁路桥旁经过时，竟将用钢筋架设的铁路桥连根拔起，搬移到了数百米之外的一处山坡上。

在中国，龙卷风的危害也十分惊人。1956年9月的一天，上海市曾发生过一次龙卷风，当时在它前进的道路上，有一个装有110吨汽油的储油桶，光是桶身就有一座小洋楼那么高。然而，龙卷风将油桶卷起，轻轻松松举到了15米高的空中。接着，它把这个小山一般的油桶，一下甩到了120米以外的地方。之后，龙卷风还从一座学校上空经过，把一幢四层的钢筋水泥结构的教学楼吹毁了一半，并把附近一幢二层的宿舍楼屋顶削得无影无踪。

龙卷风来临时怎么办？

一是龙卷风来临时，要赶紧钻进地下室，避开所有窗户，躲在坚实的桌子或工作台下，如果所处的房屋没有地下室，应立即进入一间小的、位于中间的房子（如厕所、壁橱或最底层的内部过道），用手护住头部，尽可能蹲伏于地板上，同时用床垫或毯子盖在身上，以防掉落的碎物砸伤身体。二是龙卷风袭来时，如果你正在超市、商场或电影院内，要尽快进入内部厕所、储藏室或其他封闭的地方，用手护住头部，蹲伏在地上，如果在办公楼、医院或摩天高楼上，要立即进入楼房中心封闭的、无窗户的区域内。三是在野外遭遇龙卷风时，应就近寻找低洼地伏于地面，并要远离大树、电线杆，以免被砸、被压和触电。